纺织服装高等教育"十三五"部委级规划教材

牛仔服设计

常芳 编著

东华大学出版社

·上海·

图书在版编目（CIP）数据

牛仔服设计 / 常芳编著. 一上海：东华大学出版
社, 2019.8
ISBN 978-7-5669-1629-7

Ⅰ. ①牛… Ⅱ. ①常… Ⅲ. ①牛仔服装－服装设计
Ⅳ. ①TS941.52

中国版本图书馆CIP数据核字(2019)第178737号

责任编辑　徐建红
封面设计　风信子

牛仔服设计
NIUZAIFU SHEJI

常芳　编著

出　　　　版：东华大学出版社（地址：上海市延安西路1882号　邮编：200051）
本 社 网 址：dhupress.dhu.edu.cn
天猫旗舰店：http://dhdx.tmall.com
销 售 中 心：021-62193056　62373056　62379558
印　　　　刷：上海盛通时代印刷有限公司
开　　　　本：889mm×1194mm　1/16
印　　　　张：6
字　　　　数：210千字
版　　　　次：2019年8月第1版
印　　　　次：2019年8月第1次印刷
书　　　　号：ISBN 978-7-5669-1629-7
定　　　　价：59.00元

目 录

第一章

绪 论

第一节　牛仔服的发展简史

牛仔服起源于美国，我们尝试从牛仔的生存发展状态来寻根求源，追踪牛仔服的历史发展进程。

一、牛仔：形态优雅的英雄

美国南北内战结束之后，由得克萨斯州向北向西辐射，直抵落基山麓，在中西部广袤无垠的大草原上崛起了一个庞大无比的"牧牛王国"，"牧牛王国"是由牧场主和牛仔们共同营造的大帝国。牛仔只不过是牧场主雇来的打工仔，但他们以胼手胝足、筚路蓝缕的创业精神和跃马扬鞭、气吞万里的豪迈气概，谱写出一首首西部边疆的壮丽史诗。

牛仔们的日常工作主要是"巡边"和"围场"。所谓"巡边"，就是牧场主雇用一些牛仔，让他们每天沿着牧场边界巡察，防止本牧场的牛群越界跑出，并且特别要防范窃牛贼偷走牲口。由于长年累月巡边时遭到日晒雨淋，牛仔们的皮肤变得黝黑而粗糙。长时间骑在马上身不离鞍，使牛仔的两腿都变成了畸形的内八字腿。牛仔们的服饰别具一格。他们头上戴的宽边高顶的牛仔帽主要是用来遮挡烈日、大雨和冰雹的，脖子上围的印花大方巾主要是用来防风沙的，也可当作汗巾、毛巾，还可以用来包扎伤口，高筒靴和套裤则是保护双腿防止荆棘刺伤的。所谓"围场"就是由牛仔把牛群驱赶到扎营地点，将成千上万头牛聚拢在一处，然后依据牛身上不同的烙印将各个牧场的牛区分开来。围场，是美国西部边疆生活的一道极富色彩的风景线。沐浴在灿烂阳光下的大草原，几千头牛哞哞的吼叫声，牛蹄扬起遮天蔽日的灰尘，英姿勃勃的牛仔们骑着骏马在庞大的牛群中来回穿梭，所有这些场面都激发了人们探究美国东部牛仔的兴趣。

如今，美国西部草原上的牛仔，早已是历史中人。但是牛仔精神、牛仔气质在美国社会生活中依然可辨。由于人们对牛仔怀有的亲切和崇敬之情，各行各业品格出众能力超群的杰出人物往往被人们喻为"牛仔"。风靡全球的畅销书《廊桥遗梦》中的男主人公罗伯特·金凯前后四次被称作"牛仔"，可见该书作者对牛仔精神情有独钟。英国历史学家哈里·艾伦早就指出，"半个世纪以来，牛仔的传奇吸引了千百万人。它投合了人们的心意并且一直是这样。它有像戏剧和小说那样的固有的价值，有使人产生共鸣的那种野外风味和对老老少少都有的吸引力，具有一种永恒的时代性"（图 1-1）。

二、牛仔布与牛仔裤的故事

牛仔布（法语：Denim），亦有音译作丹宁布，是一种较粗厚的色织斜纹棉布，经纱颜色深，为靛蓝色，纬纱颜色浅，为浅灰或煮练后的本白纱，又称靛蓝劳动布。牛仔布本来只有蓝色，最初只是用来当帆布用，但现时已有多种不同的颜色，可用来制作不同的衣饰。

意大利的航海家哥伦布发现了新大陆，当时航海的船只用的帆，是由一种非常坚韧而实用的粗糙布料做成。这种粗糙布料原产于法国一个小镇 Nimes，所以就以法文取名"Serge De Nimes"，而后被人们简称为"Denim"。

说起牛仔裤，人们自然会想起 1849 年美国那次淘金潮，当时第一批踏上美国大陆的移民，他们可以说是一穷二白，不得不拼命地工作。高强度的劳动使得衣服极易磨损，特别是在 1849 年，矿工们一窝蜂涌进加利福尼亚州，形成了当时著名的淘金潮。由于衣料非常容易破损，人们迫切希望有一种耐穿的衣服。而这个时候，一些工厂用热那亚的帆布生产工作裤，就将那种帆布叫做"Genoese"，意思就是"热那亚的"。后来干脆把用那种帆布制成的裤子叫做"Genoese"，后来演变成"Jeans"。

图1-1 野性的西部牛仔着装

这样坚实、耐用的牛仔裤应运而生。犹太人李维·斯特劳斯（Levi Strauss）是牛仔裤的发明者。1850 年，他所创立的李维斯公司（Levi's）生产的 501 牛仔裤就是世人所知的牛仔裤的鼻祖了。20 世纪 30 年代中期，在美国中西部农业地带几乎人人都穿的牛仔裤第一次被带到密西西比河以东的繁华都市，从此牛仔裤开始步入流行服装的行列。

第二次世界大战期间，美国当局把牛仔裤指定为美军的制服，大批的牛仔裤随盟军深入欧洲腹地。战后士兵返回美国，大量积存的牛仔裤在当地限量发售。由于这种裤子美观、实用、耐穿，又价格便宜，所以在当地大受欢迎。于是欧洲本地的工作服制造商纷纷争相仿效美国的原装货色，从而使牛仔裤在欧洲各地普及、流行开来。美国好莱坞的影视娱乐业对带动牛仔裤的国际流行风潮起了不可低估的作用。20 世纪 50 年代的著名电影如《无端的反抗》《天伦梦觉》等片中的主角都穿着舒适、大方的牛仔裤。在大牌明星的引导和影响下，牛仔裤在当时成为一种时尚的标志。20 世纪六七十年代，摇滚乐的广泛流行和嬉皮士生活方式对青少年的影响，更使牛仔装大行其道。这时，牛仔装也进入上流社会，名门贵族也竞相穿起了牛仔裤，其中有英国的安娜公主，埃及的法赫皇后，摩洛哥的国王哈桑二世、约旦国王侯赛因和法国前总统蓬皮杜等。更富有戏剧性的则是美国前总统卡特还穿着牛仔装参加总统竞选。从此这条出身卑贱的牛仔装一跃而身价百倍，久盛不衰（图1-2）。

第二节 中国牛仔服的消费现状

一、牛仔服装行业现状

中国每年生产的牛仔布达 20 亿米，占世界牛仔布总量的 1/4，每年生产的牛仔服装约 25 亿件以上，可以说中国已成为国际上牛仔布、牛仔服装的重要生产国，一大批牛仔布、牛仔服装在质量和品种方面已基本与国际水准接轨，中国牛仔产品在国际市场上已经走向了高端。由于每季流行不同主题，以及消费者追随潮流的情结，使得牛仔布的销售额稳定成长。中国每年牛仔产品市场销售量以 10% 的速度递增，说明牛仔面料与牛仔服装市场大有潜力可挖。

根据 2013—2018 年中国牛仔服装行业发展现状及投资前景预测分析报告，自 2010 年以来，中国一直是亚洲最大的牛仔产品交易市场，2012 年在中国销售的牛仔裤总额为 115 亿美元，日本是 74 亿美元。中国目前牛仔裤年产量约为 48 亿条，已稳居世界首位，广东、山东、江苏、浙江等沿海省份已形成了牛仔产业的发展聚集地，包揽了全国几乎九成以上的生产量。在广东，集聚了中国四大牛仔产业集群，增城新塘有牛仔企业 4300 多家，佛山均安有牛仔企业 2300 多家，中山大涌和开平三埠有约 2000 家（图 1-3）。

目前，全球有 80% 以上的牛仔裤由中国生产。未来几年，随着世界服装产业逐渐向亚洲地区转移，我国牛仔裤行业产能将进一步增长。虽然中国生产的牛仔裤产量居世界第一，但中国消费者人均拥有的牛仔裤却不是最多的，人均只拥有 4 条，而全球消费者人均拥有牛仔裤 7 条。中国牛仔裤消费量仍低于世界平均水平，因此国内市场需求仍存在较大的发展空间，专家预测，未来几年中国牛仔裤需求量增长将达到 12%~15%。

图1-2 影片中的牛仔形象

图1-3 广东佛山均安牛仔

二、牛仔服装的消费现状

现如今国内牛仔服装设计朝风格多元化方向发展，市场上的牛仔服装款式丰富多样，从面料选择、款式设计、印染技术等都体现了中国牛仔产业已具有雄厚设计实力。牛仔服装时装化、装饰化、系列化及将 DIY 的方式融入到了牛仔服装之中，创造出了适合国内消费者不同口味的新颖牛仔服装系列产品。但是，国外品牌牛仔服与国内品牌牛仔服的消费群体还是有着比较明显的区别。

国外品牌牛仔服的消费群体主要集中在追求生活品位的白领、商务人士，他们收入状况良好，年龄一般在20~38 岁之间，学历较高。这部分人对品牌文化有着偏好，在追求质量的同时也追求品牌带来的满足，重视社交、重视休闲，对生活、对服饰都讲究细节，懂得时尚，乐于消费。

国内品牌牛仔服的消费群体主要以学生、普通上班族、自由职业者为主，他们月收入一般，年龄一般在15~40 岁，学历不限。这部分人群对品牌也有一定的认识，在追求质量的同时追求品牌，懂得时尚流行。国内杂牌牛仔服的消费群体以农村和低收入者为主，他们在重视价格忽视质量的同时也追求款式，这类消费群体不关心品牌，年龄一般也在 15~40 岁，其中主要以 18~25 岁这个年龄段为主体。

通过对消费者的调查得知，90% 的消费者会选择牛仔服装，他们选购牛仔服装除了考虑到牛仔服装具有耐磨、方便、舒适、易打理等方面的特点以外，还认为穿着牛仔服装使人显得有活力、具有时尚感。

在这些穿着牛仔服装的消费者群中，100% 的消费者会选购牛仔裤，但选购外套和牛仔裙的消费者比例都不是很高。其中只有 13% 的男性消费者会选择购买牛仔外套；女性消费者对牛仔外套的选购比男性稍高，比例达到27%；至于牛仔裙，有 34% 的女性会选购。从细分的情况来看，男性消费者在选购牛仔裤时 100% 会选购牛仔长裤，而女性消费者中，除了 100% 会选购牛仔长裤以外，对牛仔热裤的选择几率达到了 33%，其他的裤品，如九分裤、七分裤、背带裤的选购几率均达到了 7%。对于在牛仔裤色彩的选择上面，男性消费者较为单一，100%的消费者认为蓝色系是必不可少的选择，女性消费者中有 7% 的消费者会选择黑色系的牛仔产品。另外，在对于牛仔套装产品的消费调查结果中不难发现，男性消费者和女性消费者的态度较为一致，他们中有 80% 的人表示自己不会购买套装产品，只有 20% 的消费者表示自己只是偶尔会尝试对套装产品的选购。此外，在男性和女性受访者中均有 93% 的人认为在商场中很容易选购到自己喜爱的牛仔服装。

调查统计表明，"需要搭配衣服"是牛仔服装消费群体的主要消费动机，80% 的男性消费者是在产生诸如搭配衣服时的需求时才会选购牛仔服装，而女性在这种情况下选购牛仔服装的比例为 60%，这说明牛仔服装的消费者选购产品整体上来说都较为理性。但是，通过调查的细分仍然可以发现男性消费者和女性消费者随机性购物的不同特点。女性消费者更容易在"看到自己喜欢的产品"时产生购买的欲望，这个比例达到了 27%。

第三节　牛仔服的设计要求

牛仔服装在千变万化的流行潮流中得以成为经典服饰，这是一个奇迹，也是一个时代的产物。也许真的是快节奏的生活使得人们这么青睐牛仔服装的休闲、运动、方便和耐穿。随着流行色的不断加入，新纤维的添加，新的后整理工艺的推进，平凡的棉斜纹布也变得舒适又变化多端，顺应不同个性的生活方式以及审美观念，这些都是牛仔风尚经久不衰的原因。

一、依据牛仔面料的审美特点进行设计

牛仔布大多采用靛蓝染色的经纱和本色的纬纱交织而成，靛蓝色是牛仔产品的永恒主题，象征着天空和大海，

给人回归自然的感觉，伴随牛仔布一个多世纪的发展，它已经成为人们对牛仔布的第一印象。靛蓝色是牛仔产品的重要元素之一，象征着牛仔布的悠久历史。因此，追求牛仔布返璞归真的特色必定少不了靛蓝色的映衬，越是高档的牛仔产品越是少不了复古的味道，也就越是离不开靛蓝色的主题。

近几年，服装流行的主要颜色是大地色或自然色泽，如珊瑚色、砖色、小麦色、深绿色和烟熏蓝等。跟随潮流的导向，设计师在牛仔裤的纬纱里掺入颜色使面料产生与以往不同的颜色效果，灰色和黑色继续在牛仔服市场占有重要地位，尤其是纯正黑色、灰褐色和浅灰色，而大理石花纹和扎染漂白是更前卫的想法，拼接牛仔装和彩色拼接也是全新的创意。另外，闪光效果无处不在，从含蓄泛光的丝光处理牛仔服、轧光牛仔服到只对一些纱线做丝光处理获得隐约闪光效果。

二、紧密结合牛仔面料的服用性能

牛仔织物具有坚牢、柔韧、耐磨、保形、易洗、免烫等使用性能，具有无毒、抗菌、防臭、阻燃、防辐射、抗紫外线、保健等安全性能和具有柔软、吸湿、透气、弹性等舒适性能的功能。世界上第一条牛仔裤的问世是由于这种裤子牢固耐用，穿上显得干净利落，因此很快流行起来。人们对生活质量的要求日渐提高，衣物的舒适性越来越多地受到关注，如今的牛仔布最常见的变化就是添加了弹力成分，弹力成分通常是加在纬向，也有是双向。加入弹力成分最多的是氨棉包芯纱，以氨纶为芯，棉短纤维以包覆力包缠在氨纶外部，因此有弹性，同时与皮肤接触到的部分是棉纤维，感觉柔软舒适。设计师在设计牛仔服装时也向更柔软、更轻薄、更透气和更随意等方面深入探索。

三、拓展牛仔面料的加工后整理工艺

后整理赋予牛仔服更多奇特、新颖、不拘一格的个性特色。改变牛仔服产品外观的后整理技术目前主要有石磨、酶洗、磨绒、轧纹、植绒、涂料印花、金属印花，以及成品后制作技术，如电脑绣花、缝贴、标志图贴、流苏、羽毛装饰、毛边、撕扯、针迹、拼贴、铆钉和破洞等。这些方法使原来西部味道很重的牛仔服装从颜色到质地都有了全新的变化，呈现怀旧、现代、民族、高档、优雅、粗犷、高科技感等各种风格（图1-4）。

图1-4 经过后整理的牛仔面料

四、平衡继承传统和勇于创新的关系

当人类站在历史的特定阶段，总有一部分人喜欢频频回首过去的记忆，而另一部分人总在孜孜不倦地面向未来前行。因而对牛仔服地热爱就分为热衷经典款式、喜欢原始的古朴粗拙和追求流行、不断探索新的牛仔内涵这两种人群，所以设计师应当有所选择地平衡继承和创新的关系。

课后作业

1. 收集早期美国好莱坞影片中的牛仔着装图片10张。
2. 牛仔精神气质有哪些？
3. 做一份牛仔服消费现状调查报告。

要求学生从两个方面做调查：
①牛仔服的消费模式，内容包括平均年支出、年购买件数、价格接受度、产品特征的重要性、品牌的重要性；
②牛仔服的穿着习惯，内容包括穿着品类、穿着场合、穿着方式。
学生分组完成任务，调查范围是所在市区，自行拟定问卷调查的问题，课堂PPT展示。

第二章

服装风格与
代表品牌的牛仔服设计

第一节　服装风格概述

一、艺术风格

　　风格一词来自罗马人用针或笔在蜡版上刻字，最初含义与有特色的写作方式有关。后来，其含义被大大扩充，并被用于各个领域。艺术风格是指从艺术作品整体上所呈现出来的代表性特点，它是与独特的内容与形式相统一，是艺术家主观方面的创意和题材的客观性相统一后形成的一种难以说明却不难感觉的独特风貌。

　　叔本华说过"风格是心灵的外观"，服装风格则指一个时代、一个民族、一个流派或一个人的服装在形式和内容方面所显示出来的价值取向、内在品格和艺术特色。服装设计追求的境界说到底是风格的定位和设计，服装风格表现了设计师独特的创作思想、艺术追求，也反映了鲜明的时代特色。

二、服装风格

　　服装风格，一方面是指由造型、结构、工艺、面料、色彩等服装的表现方式所综合反映出的审美特征与审美认知；另一方面，是在一定时代社会文化背景下，外观效果与内在形制的统一体现，具有一定的可辨认的差别，概括地讲，服装风格是任何已知时期或文化中服装的主导式样。

　　一种成熟的服装风格应该具有独特性。詹森说："提到风格就意味着在人的行为中，以与众不同的方式来完成一项活动。"风格是一个褒义词，说某事物有风格，就意味它有特点，鹤立鸡群。反之，说某事物没有风格，则意味着它不仅毫无特点，而且无法辨认，因为它非驴非马。清代的服装和明代的服装一眼就可以分得清楚，清代服装具有游牧民族的特色，充满大自然的风韵，同明代服装的儒雅严谨特色迥然不同。同样，中国服装和日本服装、汉族服装和部分少数民族服装、张肇达的服装和皮尔·卡丹的服装都能区分开来，说明他们各具特色。总之，没有独特性就没有风格。

　　风格是一种分类的手段，人们通常依靠风格判断艺术作品的类别和来源地。在漫长的历史发展进程中，服装风格不计其数，包铭新把有代表性的服装风格分为七类，即代表地域特征的服装风格：如土耳其风格、西班牙风格；代表某一时代特征的服装风格：如中世纪风格、爱德华时期风格；代表文化体特征的服装风格：如嬉皮风格、常春藤联盟风格；以人名命名的服装风格：如蓬巴杜夫人风格、香奈儿风格；代表特定造型服装风格：如克里诺林风格、巴斯尔风格；体现人气质、风度和地位的服装风格：如骑士风格、纨绔子弟风格；代表艺术流派特征的服装风格：如视幻艺术风格、解构风格等。稳定性、一贯性是设计师风格被人们认识的条件。一位设计师出道几年，发表了几台作品，就宣布其具有了某种个人风格，媒体也往往推波助澜。然而，这种个人风格如果不具有稳定性，就会昙花一现。皮尔·卡丹很重视其个人风格的塑造，他的服装作品用色大胆、线条明朗，造型抽象概括，具有建筑风格。几十年来，他的服装风格有一种超稳定性，很容易辨认，被人们持久喜欢。

从另外一个角度看，设计师个人的创作风格可能不像时代风格或者民族风格那样长久维持，一辈子不过几十年，但是，在人生几十年里，有些设计师创造了真正有价值的个人风格，并且持之以恒，他们在风格史上占有一席之地，甚至可能形成一种流派，在相当长的时期里发生影响。例如，人们非常容易把夏帕瑞丽和超现实主义联系起来，维维安·韦斯特伍德被称为是朋克之母，加里亚诺把后现代的艺术风格演绎得淋漓尽致。设计师的性格、偏好以及经历等都会影响服装风格的形成和改变，设计师风格典型地代表了设计师的个性、生活态度、审美倾向、文化修养等。

每一时代涌现出来服装风格都留有明显时代烙印，詹森说："虽然一个艺术家本人的'笔迹'可能有其独特性，但他总是与同时代的其他艺术家一起具有一些共同的重大特点，从而构成一种区别于另一历史时期的集体风格。"

服装风格与设计师所处的历史时代发生联系，服装发展史表明，具有不同创作个性的艺术家几乎不可能超越他们所生活的时代的影响，他们的审美判断大多数情况下脱胎于其所处时代社会物质生活条件所产生的占主导地位的审美需要和审美思想，每个时代的设计师的作品，"吴带当风"般的飘逸也好，"曹衣出水"式的典雅也罢，无不带上那个时代的深深烙印。时代性是服装风格的一个方面，服装风格还包含着许多方面，比如迪奥的"新风貌"是服装史上一种著名风格，拿它同中国服装比，它是法国风格，拿它同18世纪比，它是20世纪二战后风格，拿它同庶民服装比，它是贵族风格，另外还有一个迪奥个人风格的问题。由此可见，每一种风格实际包含着多层次的内涵。从宏观方面把握，时代风格、民族风格是概括的、全局性的，而个人风格、款式风格则是微观的，后者总是从属于前者；反过来，时代的和民族的风格也只能表现在具有款式和具有个人特点的服装上。总之，特定的服装风格，必定同时兼备多个方面或层次。

从风格的主要特点可以看出，设计师如果没有经过长期艰苦的创作，风格是难以产生的。法国服装大师伊夫·圣·洛朗18岁进入迪奥公司，近50年的设计生涯，设计了无数美轮美奂的华服，每一件都是呕心沥血之作，每一件都可以直接进入博物馆享受它的不朽。圣·洛朗的风格是同法兰西的浪漫、风雅紧密联系在一起。有些设计师，在创作的过程中，喜欢走捷径，总是信手把别人的设计要素不加创新地嫁接到自己的作品之中，甚至什么风格都无从考虑，缺乏系统的探索和持之以恒的追求，所以总是与成功失之交臂。

三、设计师风格的建立

设计师如何建立自己的服装风格呢？是不是在创作中反复重复无论什么样的独特性就可以形成新风格了呢？实际上，任何一种有意义的、在服装史上留名的服装风格，都是有客观根据的，这样，它才有根基，容易被人们铭记。不反映客观事物的独特性，凭主管臆造出来的哗众取宠之作，不可能获得一贯性，也不能蔚然成风。20世纪60年代玛丽·奎恩特的迷你风格，之所以在短时间里席卷各国，得到极大的成功，就是因为它顺应时代和时尚发展的客观要求。

服装风格所反映的客观内容，主要包括三个方面，一是时代特色、社会面貌及民族传统；二是材料、技术的最新特点和它们审美的可能性；三是服装的功能性与艺术性的结合。服装风格应该反映时代的社会面貌，在一个时代的潮流下，设计师们各有独特的创作天地，能够造成百花齐放的繁荣局面。

不过，凡是脱颖而出的服装风格，不会是主观随意的产物，它必然具有客观依据。例如迪奥的服装风格，代表了人们经过严酷的战争后，盼望重返昔日美好生活的急切心情。迪奥说得好："没有人能改变时尚，一场大的时装变革来自它自身，因为妇女要更加女性化，而新风貌之所以被接受是因为战后一个全球性的审美观和宇宙观的变化。"迪奥风格反映的是那个时代占主流的社会力量的审美理想。如果脱离现实地胡思乱想，其创作不可能普及，更不可能深入人心。

优秀的民族传统是设计师艺术创造的源泉，只有把根基深深植入民族文化的土壤，才能根深叶茂。美国设计师唐娜·卡伦创立的品牌 DKNY 风格非常田园化，质朴、清新，品牌风格根植于纽约特有的生活模式和都市气息，品牌设计理念不仅以纽约为荣，而且把纽约这个城市的名称汇入了服装品牌系列设计之中，即 DONNA KARAN NEW YORK。她的设计简约、时尚、表现了现代女性的自然美和独特气质。

日本设计师在国际舞台上的成功，同他们弘扬日本文化不无关系。民族化的东西不是全盘继承，而是要创新、发展，仅说"只有民族的才是世界的"是不够的，民族的加上时代的才是世界的。时代感是民族化与国际化的结合点，只有不断创新，使民族的服饰元素具有时代特征，符合现代人生活方式和审美品味，才适合现代服装设计。继承民族文化传统强调的是精神上的继承，形式上的发展创新，中国服饰文化的精髓与现代感觉结合起来，形成的服饰风格才具有时代普遍意义。

进入 21 世纪后，人类的自然科学、人文形态、意识理念、设计创作等都在经历新的变革，服装风格也在变革之中。今天的服装设计，既需要创意性服装在 T 型舞台上的绚丽夺目，更需要实用性服装在现实生活中的风光无限。服装风格的建立和推广不能远离社会需求，应该同当代人的审美理想、生活状态、服装的服用功能联系起来，今天的服装风格应该是时代的衣裳，民族风格、波希米亚风格、田园风格、嘻哈风格、巴洛克风格、歌特风格、英伦风格、浪漫主义风格、立体派、极简派、未来派、波普派，各种风格蔚然成风。

第二节 服装设计风格与代表品牌

一、休闲风格

1. 风格综述

休闲风格是以穿着与视觉上的轻松、随意、舒适为主的，年龄层跨度较大，是适应多个年龄层日常穿着的服装风格。休闲风格的服装在造型元素的使用上也没有太明显的倾向性。点造型和线造型的表现形式很多，如图案、刺绣、花边、缝纫线等；面造型多重叠交错使用以表现一种层次感；体造型多以零部件的形式表现，如坦克袋，连衣腰包等。休闲风格线形自然，弧线较多，零部件少，装饰运用不多而且面的感觉强烈。外轮廓简单，讲究层次搭配，搭配随意多变。面料多为天然面料，如棉、麻等，经常强调面料的肌理效果或者面料经过涂层，亚光处理。色彩比较明朗单纯，具有流行特征。

2. 代表品牌

● 法国品牌赛琳（Céline）(图 2-1)

法国品牌赛琳，诠释优雅、创造时尚，同时不断地透过新设计的推出表达时尚界对文化与运动的关心，赛琳代表了一种新的生活方式，充满当代风格，风格浓烈、洒脱独立，让女性时刻挥洒自如、彰显温柔魅力。

● 法国品牌索尼亚·里基尔 (Sonia Rykiel)（图 2-2）

索尼亚·里基尔并不是一个紧跟潮流的品牌，它向女人表述了"寻求符合自身的时尚而不是跟随时尚设计师的潮流"的概念。

● 美国品牌拉尔夫·劳伦（Ralph Lauren）(图 2-3)

拉尔夫·劳伦是有着浓浓美国气息的高品位时装品牌，款式高度风格化。拉尔夫·劳伦勾勒出的是一个美国梦：

图2-1 法国品牌赛琳牛仔服设计　　图2-2 法国品牌索尼亚·里基尔牛仔服设计　　图2-3 美国品牌拉尔夫·劳伦牛仔服设计

漫漫草坪、晶莹古董、名马宝驹。拉尔夫·劳伦的产品迎合了顾客对高品位完美生活的向往。或者正如拉尔夫·劳伦先生本人所说："我设计的目的就是去实现人们心目中的美梦——可以想象到的最好现实。"拉尔夫·劳伦时装设计融合幻想、浪漫、创新和古典的灵感呈现，所有的细节架构在一种不被时间淘汰的价值观上。

● 美国品牌汤米·希尔菲格（Tommy Hilfiger）（图 2-4）

汤米·希尔菲格崇尚自然、简洁的风尚，同时设计理念中无不渗透出青春的动感活力，与美国本土的风格特点十分和谐，受到年轻一代美国人的热爱。它独特的款式设计与生活品味使得该品牌在庞大的生活潮流市场中，鹤立于顶尖之位。年轻、性感与真实是现代年轻人的追求，凸显个性、讲求自由是当代人的风格，而这也正是汤米·希尔菲格服饰风格的精髓所在。

二、经典风格

1. 风格综述

经典风格端庄大方，具有传统服装的特点，是相对比较成熟的、能被大多数女性接受的、讲究穿着品质的服装风格。经典风格比较保守，不太受流行左右，严谨而高雅、文静而含蓄，是以高度和谐为主要特征的一种服饰风格。正统的西式套装是经典的典型代表。从造型元素角度讲，经典风格多用线造型，线造型多表现为分割线和少量装饰线，面造型相对规整且没有进行太多琐碎的分割。经典风格的服装中较少使用体造型，点造型也使用不多，因为过多使用这两种元素会使服装显得烦琐，与经典风格的简洁高雅不相协调。点造型一般也仅仅作为小面积的装饰使用，体造型则几乎不使用。

图2-4 美国品牌汤米·希尔菲格经典风格牛仔服设计

图2-5 意大利品牌乔治·阿玛尼经典风格牛仔服设计

2．风格印象

经典风格比较保守，讲究穿着品质，不太受流行左右，追求严谨、高雅。衣身大多对称，廓型以直筒为主，X型、Y型和A型也经常使用，而O型则相对较少。色彩多以沉静高雅的古典色彩为主。装饰细节精致，比如局部绣花、领结、领花等。

3．代表品牌

● 意大利品牌乔治·阿玛尼 (Giorgio Armani)（图2-5）

乔治·阿玛尼的产品时尚、高贵、精致、中性化，充分展现了都市人简洁、优雅、自信的个性，在服装设计上讲究优良品质，同时融合了人性化以及精致入微的设计风格。

● 法国品牌迪奥 (Dior)（图2-6）

迪奥的品牌内涵一直非常明确地表达出时尚女性的特质——性感自信、激情活力、时尚魅惑。

● 法国品牌爱马仕（Hermès）（图2-7）

图2-6 法国品牌迪奥经典风格牛仔服设计

爱马仕品牌所有的产品都选用上乘的材料，注重工艺装饰，细节精巧，其以优良的质量赢得了良好的信誉。舒适及原创精神、不迎合潮流、不刻意凸显自己是爱马仕的追求，产品思想深邃、品味高尚、内涵丰富、工艺精湛，件件设计都是艺术品，至精至美、无可挑剔，是爱马仕的一贯宗旨。

三、优雅风格

1. 风格印象

具有较强女性特征，兼具时尚感和成熟感，外观与品质较华丽，做工精细。衣身较合体，讲究廓型曲线，悬垂性好，分割线以规则的公主线为主。多使用高档面料，面料质地细腻、悬垂性好。讲究服装细节设计，装饰不繁琐，常用绣花、荷叶边、蕾丝、缎带、抽褶、包边等装饰细节。色彩多选用柔和高雅的含灰色调。

2. 代表品牌

● 法国品牌纪梵希（Givenchy）（图 2-8）

纪梵希的风格特点是贵族式优雅。纪梵希一直注重打造独特的女性魅力：自然的恬静淡雅，性感迷人，超越平凡的美丽。纪梵希的设计随性而不羁，追寻着传统与叛逆之间的平衡，自由的创作、自由的妆扮、自由的个性是纪梵希的设计师们所追求的，独特的品牌个性表达着一种生活态度，更是融入了随性而不羁的风格。

● 法国品牌伊夫·圣·洛朗（Yve Saint Laurent）（图 2-9）

伊夫·圣·洛朗先生在时装舞台上，创造了无数流行趋势。从 1957 年开始，喇叭裙、梨型自然褶饰、骑士型长筒靴、嬉皮装、中性服装、透明装等无不风行一时。伊夫·圣·洛朗从不媚俗，在探索新样式时总是将立足点放在传统精神的继承上，赋予高级时装时代意义，并变换服装风格，他从来只是一个传统的改革者，而非一个服装的革命家，他像香奈儿一样促成服装的变革和创造性的飞跃。

图2-7 法国品牌爱马仕经典风格牛仔服设计

图2-8 法国品牌纪梵希优雅风格牛仔服设计

图2-9 法国品牌伊夫·圣·洛朗优雅风格牛仔服设计

图2-10 美国品牌奥斯卡·德拉伦塔优雅风格牛仔服设计

伊夫·圣·洛朗品牌自诞生的那一刻起，就在人们心中留下了色彩缤纷、浪漫高雅的印象，经典而不落俗套是它的特征。伊夫·圣·洛朗始终传达着高雅、神秘以及热情的精神。

● 美国品牌奥斯卡·德拉伦塔（Oscar DE Larenta）（图2-10）

● 意大利品牌芬迪（Fendi）（图2-11）

四、前卫风格

1. 风格综述

前卫和经典是两个相对立的风格派别。前卫风格受波普艺术，抽象派别艺术等影响，造型特征以怪异为主线，富于幻想，运用具有超前流行的设计元素，线形变化较大，强调对比因素，局部造型夸张，零部件形状和位置非常规，追求一种标新立异，反叛刺激的形象，是个性较强的服装风格。它表现出一种对传统观念的叛逆和创新精神，是对经典美学标准作突破性探索而寻求新方向的设计，常用夸张、卡通的手法去处理形、色、质的关系。

前卫风格在造型上可同时使用四种造型元素，只是在造型元素的排列上不太规整，可交错重叠使用面造型，可大面积使用点造型而且排列形式变化多样，也可使用多种形式的线造型，分割线或装饰线均有，规整的线造型较少。体造型是前卫风格的服装中经常使用的元素，尤其是局部造型夸张时多用体造型表现，如立体袋，膨体袖等。

图2- 11 意大利品牌芬迪优雅风格牛仔服设计

图2-12 英国品牌维维恩·韦斯特伍德前卫风格牛仔服设计

图2-13 意大利品牌莫斯奇前卫风格牛仔服设计

图2-14 法国品牌让·保罗·戈尔捷前卫风格牛仔服设计

2. 风格印象

　　风格新奇多变，善于打破传统，造型富于幻想，运用具有超前流行的设计元素。设计无常规，较多使用不对称结构与装饰，尺寸与线形变化较大，分割线随意无限制。用色大胆鲜明、对比强烈、不受约束。经常使用奇特新颖、时髦刺激的面料，而且材质搭配经常反差较大。

3. 代表品牌

　　● 英国品牌维维恩·韦斯特伍德 (Vivienne Westwood)（图 2-12 ）

　　即使用"颓废""变态""离经叛道"等字眼来形容维维恩·韦斯特伍德也绝不过分，因为她那种长短不一、稀奇古怪、没有章法的服装着实让西方时装界大吃一惊，人们可以不恭维她的杰作，但不能不被她的独特的设计思想震慑。不管对维维恩·韦斯特伍德的设计是褒是贬，但人们不得不承认她那罕见的、乖僻古怪的设计思想对当今服装界的贡献。她的设计迎合了 20 世纪 80 年代时髦青年的欢迎，尤其是伦敦的青年"朋克""特迪哥儿"，使得韦斯特伍德的服装具有世界影响力。

　　● 意大利品牌莫斯奇诺（Moschino)（图 2-13 ）

　　风格戏谑的莫斯奇诺的存在实在是个异类。他的设计总是充满了戏谑的游戏感与对于时尚的幽默讽刺感。在 20 世纪 80 年代末，他就把优雅的香奈儿套装的边缘剪破变成乞丐装，再配上巨大的扣子，颠覆大家对于时尚的传统印象。莫斯奇诺常常把他对世界和平的渴望与对于生命的热爱，放在他的服装设计中，所以在他的服装上常常会出现"反战标志""红心"和鲜黄色的笑脸。

　　● 法国品牌让·保罗·戈尔捷（Jean Paul Gaultier)（图 2-14 ）

让·保罗·戈尔捷的设计理念是最基本的服装款式，再加上"破坏"处理，也许撕毁、打结，也许加上各种样式的装饰物，或者各种民族服饰的融合拼凑，充分展现夸张及诙谐，把前卫、古典和奇风异俗混合得令人叹为观止。

五、中性风格

1．风格概述

弱化女性特征，部分借鉴男装设计元素。线条精练，直线条运用较多，分割线比较规整，造型棱角分明，廓型简洁利落。色彩明度较低，以黑色、白色和灰色等常规色为主，较少使用鲜艳的色彩。面料选择范围很广，但是几乎不使用女性味太浓的面料。

2．风格印象

中性风格服装属于非主流的另类服装，随着社会、政治、经济、科学的发展，人类寻求一种毫无矫饰的个性美，性别差异已不再是设计师考虑的因素，介于两性中间的中性服装成为街头一道独特的风景。中性服装以其简约的造型满足女性在社会竞争中的自信，以简约的风格使男性享受时尚的愉悦。

传统衣着规范强调两性角色的差异。男性着装需表达出稳健、庄重、力量的阳刚之美；女性则应该带有娴淑、温柔、轻灵的阴柔之美。男性藉以扮演角色的服装道具有西服、领带、硬领衬衫等；表达女性特色的服饰则有裙子、高跟皮鞋、丝袜、文胸等。20世纪初，风起云涌的女权运动为中性服饰的流行扫清了一切障碍。盛行于20世纪六七十年代的"嬉皮风貌"将中性装扮引向了流行高潮，以至于你仅以背影根本无法分辨出性别。20世纪80年代初，留着长长的波浪型发式，穿花衬衫、紧身喇叭牛仔裤、提着进口录音机的国内青年曾被视为社会的不良分子，成为各种漫画嘲讽的题材。20世纪90年代末，中性成了流行中的宠儿，社会也越来越无法以职业对两性做出明确的角色定位。T恤衫、牛仔装、低腰裤等被当成是中性服装；黑白灰是中性色彩；短发是中性发式。中性在未来的发展变化将更为活跃。

3．代表品牌

● 意大利品牌普拉达（Prada）（图2-15）

普拉达的设计总能达到一种充满美感的平衡状态，精细与粗糙，天然与人造，不同质材、肌理的面料统一于自然的色彩中，艺术气质极浓。普拉达非常重视产品品质，普拉达的所有时装配饰都是在意大利水准最高的工厂制作的，这也就是为什么穿戴上普拉达产品会感到舒适无比的原因。尽管强调品牌风格年轻化，但品质与耐用的水准依旧。

● 法国品牌路易威登（Louis Vuitton）（图2-16）

图2-15 意大利品牌普拉达中性风格牛仔设计

● 美国品牌的马克·雅各布斯（Marc Jacobs）（图 2-17）

马克·雅可布斯的服装有着一种贵族式的休闲风格，简洁并且休闲。他的超凡才华和雅痞风格的设计让众多时尚人士喜爱和追捧，马克·雅各布斯服装保有一贯的贵族休闲风格。

● 美国品牌卡尔文·克莱恩（Calvin Klein）（图 2-18）

"我要最纯、最简约、最时尚"——这就是卡尔文·克莱恩精神。他的设计的灵感来源于人性中对于高贵的追求，并建立在对人类共同追求的价值：爱、永恒和分享的诠释上，他的设计风格极简、性感，具有美国式轻松优雅。

● 意大利品牌乔治·阿玛尼 (Giorgio Armani)（图 2-19）

乔治·阿玛尼的产品时尚、高贵、精致、中性化，充分展现了都市人简洁、优雅、自信的个性，人性化、精致入微的设计风格，产品面世以来，广泛被成功人士及都市时尚一族所认同。

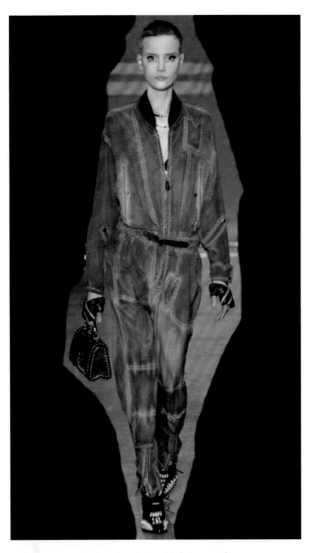

图2-16 法国品牌路易威登中性风格牛仔服设计

图2-17 美国品牌马克·雅各布斯中性风格牛仔服设计

图2-18 美国品牌卡尔文·克莱恩中性风格牛仔服设计　　　　图2-19 意大利品牌乔治·阿玛尼中性风格牛仔服设计

六、民族风格

1. 风格印象

　　服装地域特点鲜明，较少使用分割线，大多工艺特殊，情节感强。色彩多数浓烈、鲜艳，对比较强。经常选用充满泥土味和民族味的面料，针对不同地区、民族使用面料差异性较大。手工装饰较多，多用刺绣、珠片、流苏、嵌条、滚边、印花、编织物等装饰。

2. 代表品牌

　　● 美国品牌安娜·苏（Anna Sui）（图 2-20 ）

　　安娜·苏的产品具有极强的迷惑力，无论服装、配件还是彩妆，都能让人感觉到一种抢眼的、近乎妖艳的色彩震撼，时尚界叫她"纽约的魔法师"。在崇尚简约主义的今天，安娜·苏逆潮流而上，设计中充满浓浓的复古色彩和绚丽奢华的气息。大胆而略带叛逆风格及刺绣、花边、烫钻、绣珠、毛皮等一切华丽的装饰主义都集于她的设计之中，形成了她独特的巫女般迷幻魔力的风格。不过安娜·苏服装华丽却不失实用性，它让时尚的都市女性发挥自己的无限创意，随心组合，以展现独特的个性魅力。

图2-20 美国品牌安娜·苏民族风格牛仔服设计　　　　　图2-21 意大利品牌艾绰民族风格牛仔服设计

● 意大利品牌艾绰（Etro）（图2-21）

品牌的名字是格调的同义词，是新传统主义的代表，创始人 Gimmo Etro 热爱旅游，足迹遍及世界各地。他对文化和历史充满兴趣，喜爱收集各类有趣的物品，尤其是古书和旧式服装。正是这种对不同文化和美的感悟，激发 Gimmo 创立了艾绰，而游历中的所见所闻成为他灵感的源泉。

● 比利时品牌德赖斯·范诺顿（Dries Van Noten）（图2-22）

德赖斯·范诺顿品牌因其华丽的设计受到名媛明星及时尚潮人的喜爱。印花和细节是德赖斯·范诺顿设计的着眼点，特别是民族风格的花卉图案更是他惯常发挥的地方。相信灵感来自不停的创新，德赖斯·范诺顿的风格是在单纯与复杂等强烈的对比之上运用各种技巧，形成自己的独特签名性设计，德赖斯·范诺顿喜欢结合各种不同材质、布料及图案，加以混合之后再创造出专属于德赖斯·范诺顿个人风格的图案与材质。

● 意大利品牌 Miss sixty（图2-23）

来自意大利的性感流行品牌 Miss Sixty，主要针对 25~35 岁的有自我风格的时代女性，具有 20 世纪 60 年代年轻人衣着特征，如"多色彩""趣味性""性感"为设计方向，加入现代的潮流元素，创造出属于 20 世纪的 60 年代的衣着文化，把怀旧品味时尚化的服饰。

图2-22 比利时品牌德赖斯·范诺顿民族风格牛仔服设计　　　图2-23 意大利品牌Miss sixty民族风格牛仔服设计

七、轻快风格

1. 风格印象
　　轻松明快、适应年龄层较轻的年轻女性日常穿着，具有青春气息。可以使用多种服装造型，繁简皆宜，款式活泼利落，衣身通常比较短小且紧身。面料选择随意，棉、麻、丝、毛以及化纤均可使用，花色较多。色彩通常比较亮丽。分割线也不受约束，弧形线或变化设计的零部件较多。

2. 代表品牌
　　● 美国品牌唐娜·凯伦（Donna Karan）（图 2-24）
　　轻快风格服装的代表品牌主要有美国的唐娜·凯伦 (Donna Karan)，她把自己定位为"更成熟，更注重内在灵魂的女性"，她的设计也在这些年间越来越多地迎合"内心的女神"的风格，喜欢使用更多的装饰和手工细节，并设计出精致优雅的垂坠感礼服。
　　● 意大利品牌缪缪（Miu Miu）（图 2-25）
　　缪缪是普拉达第三代传人 Miuccia Prada 小姐的昵称，其设计的服装风格像小女孩一样可爱。Miuccia Prada 似乎将最好玩最过瘾的设计都放在缪缪之上，实现了一种大女人梦想返回小女孩的追求。品牌也因为如此

图2-24 美国品牌唐娜·凯伦轻快风格牛仔服设计　　　　　图2-25 意大利品牌缪缪轻快风格牛仔服设计

年轻，才可让普拉达小姐得以尽情发挥其童心未泯的真个性。缪缪风格轻灵简约，多用轻逸布料，如棉纱、丝等。线条流利，款式简约没有无谓的装饰细节，整体上承接普拉达简约风尚。但简约归简约，缪缪风格始终比较青春，颜色多用素色，极少用主线普拉达的黑色，再配上可爱的图案，就这样便弱化了一点普拉达的成熟韵味，为那些童心未泯的女性提供了可爱又可穿性高的衣服。

第三节　牛仔服风格设计的表达要素

　　牛仔服装的风格作为服装外观样式与精神内涵相结合的总体表现，对于牛仔服装设计还是有着必要指导意义的，因此进行一定的风格划分也成为必然。牛仔服风格的划分角度很多，通常是根据服装构成的三要素分别进行表现，进行一定程度上划分，不同的服装风格之间没有完全的界限。

一、款式

服装款式，也称为服装造型，在牛仔服风格区分上是比较重要的表现要素。以经典风格和前卫风格为例，前者较多采用线造型和面造型，较少使用体造型，点造型也使用不多，因为过多使用这两种元素会使服装显得或活泼或繁琐，与经典风格的简洁高雅不相协调；后者一般同时使用四种造型元素，通常在造型元素的排列上不太规整，其中体造型是前卫风格服装中经常使用的元素，尤其是局部造型夸张时多采用体造型表现，如立体袋、膨体袖等。

二、色彩

和造型相比，牛仔服色彩在区分牛仔服风格上往往有着更加明显的分辨力。以运动风格服装和经典风格服装为例，前者多采用鲜明而响亮的纯色，如白色、红色、黄色、蓝色、绿色等；后者则以藏蓝、酒红、墨绿、宝石蓝、紫色等沉静而高雅的古典色为主。

三、面料

不同风格的牛仔服通常都有对应常用面料，以经典牛仔风格服装和运动牛仔风格服装为例，前者多选用精纺面料；而后者则出于功能性需要而采用弹性、吸湿性、透气性较好的面料。

四、细节

之所以将细节作为和以上服装三个构成要素并列的服装风格表现元素提出来，是因为在当今服装设计中，细节设计有时候已经成为决定设计成功与否的关键因素。服装细节设计通常也称为服装局部造型设计，是服装廓型以内的零部件的边缘形状和内部结构的形状。服装细节设计除了可以增加服装的功能性外，还可以强调服装的视觉效果。细节设计处理的好坏更能体现出设计师设计功底的深浅，在当今这个服装轮廓创新余地较小的情况下，设计师可以通过考虑细节设计来寻找突破口，使自己的设计独具匠心。牛仔服设计以民族风格和前卫风格为例，前者多采用中式立领、开衩、绣花、镶边等细节设计；后者则较多采用不对称结构与装饰，如毛边、破洞、磨砂、打铆钉等，这些细节特征将两种风格的牛仔服区分开来。

课后思考与实践

1. 服装设计风格的表现要素有哪些？分别对服装风格有何影响？在具体设计中如何协调这些因素？
2. 收集著名品牌的牛仔服设计作品，并按照男女、童装以及春夏和秋冬进行分类。
3. 按照常见服装风格各设计一款牛仔服，表现形式不限。

第三章

牛仔面料艺术设计

牛仔布是纺织品中的一个特有种类，属于梭织布，其特色为经纱染色（靛兰和硫化黑及其叠加色）。纬纱一般为本白色。牛仔布制成服装后，洗水方法独特，并富于变化，如普洗、石磨、酵磨、喷砂、擦猫须等。由于靛蓝染料水洗后易脱色，经各种方法水洗后，使牛仔服富于立体感和变幻无穷的风格。现代的牛仔布制造更是呈现多种多样的外观，著名美国丹宁制造商 Cone

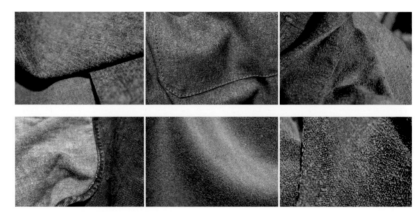

图3-1 具有羊毛纹理的牛仔面料

Denim 曾展示一系列独特功能性牛仔面料，具有轻盈舒适的羊毛纹理（图3-1）。日本制造商则推出一系列经典香奈儿式毛圈花式纱线，将腈纶和棉混在一起，营造出毛绒的丹宁面料。

牛仔服是一年四季可以穿着的服饰，那如何区分不同类型的牛仔布呢？首先根据牛仔布的厚度，分为4.5安、6安、8安、10安、11安、12安、13.5安、14.5安等。4.5安是非常薄，常用来做夏季女士的背心，无袖衫等，而14.5安很厚，可以用来做冬季的男士棉衣。我们经常穿的牛仔裤大多 8~12 安不等。

传统牛仔布一般为 3/1 右斜，布重在 12~14 安，经纬纱纯棉，主要用来制作五袋款牛仔裤。现在牛仔布品种繁多，有 2/1、1/1、网纹、2/2 斜纹、小提花等，布的重量从 4 安到 14 安，可作衬衣、牛仔衫、裙、西装等。近年来广泛应用弹力纱（丝）做纬纱，弹力牛仔布更适合制作女裤，充满时尚和活力，布的宽度大多在 114~152 厘米之间。

现代牛仔布有各种各样的制造手法和技术，体现不同的面料效果，比如图 3-2 中的几种牛仔面料依然凸显陈旧的岁月流逝感，有民俗风的提花图案、微小纹理、陈旧墙纸的褪色花卉图案，以更暗的靛蓝色为背景来表现表面装饰效果。

牛仔服的特征有透湿、透气性好、穿着舒适、质地厚实、纹路清晰，经过适当处理可以防皱防缩防变形；靛蓝是一种协调色能与各种颜色衣服相配，四季皆宜；靛蓝是一种非坚固色，越洗越淡，越淡越漂亮，种类丰富多彩，满足消费者的多元需求。

牛仔布根据材质分类，可分为纯棉牛仔布、麻棉牛仔布、黏棉牛仔布、涤棉牛仔布、天丝牛仔布等；根据颜色分类，可分为靛蓝牛仔布、特深蓝牛仔布、硫化黑牛仔布、蓝套黑牛仔布、黑套蓝牛仔布以及各类杂色牛仔

图3-2 民俗提花图案牛仔面料

图3-3 普洗

布；根据有无弹性分类，可分为无弹力牛仔布、纬向弹力牛仔布、经纬向弹力牛仔布；根据有无竹节分类，可分为无竹节牛仔布、经向竹节牛仔布、纬向竹节牛仔布、经纬向竹节牛仔布；根据纺纱机类型分类，可分为气流纱牛仔布、环锭纱牛仔布等；根据组织分类，可分为平纹牛仔布、斜纹牛仔布、提花牛仔布等；根据后整理方式分类，可分为常规牛仔布、热定型弹力牛仔布、丝光牛仔布、涂层牛仔布、套色牛仔布、磨毛牛仔布、印花牛仔布等等。

第一节　牛仔面料的洗水工艺

牛仔面料设计中，洗水工艺占据很大的比重，是设计师必须要掌握和了解的知识，下面来介绍各种水洗的基础知识。

一、普洗

普洗即普通洗涤，其水温在 60~90 度左右，加一定的洗涤剂，经过 15 分钟左右普通洗涤后，过清水加柔软剂即可（图 3-3）。这样一来织物更柔软、舒适，在视觉上更自然更干净。通常根据洗涤时间的长短和化学药品的用量多少，普洗又可以分为轻普洗、普洗、重普洗。

图3-4 石洗

二、石洗

石洗也叫石磨，即在洗水中加入一定大小的浮石，使浮石与衣服打磨（图3-4），打磨缸内的水位以衣物完全浸透的低水位进行，以使得浮石能很好地与衣物接触。在石磨前可进行普洗或漂洗，也可在石磨后进行漂洗。根据客户的不同要求，可以采用黄石、白石、AAA 石、人造石、胶球等进行洗涤，以达到不同的洗水效果，洗后布面呈现灰蒙、陈旧的感觉，衣物有轻微至重度破损。

三、酵素洗

酵素是一种纤维素酶，它可以在一定 PH 值和温度下，对纤维结构产生降解作用，使布面可以较温和地褪色、褪毛（产生"桃皮"效果）(图 3-5)。并得到持久的柔软效果。可以与石洗并用或代替石洗，若与石洗并用，通常称为酵素石洗。

四、砂洗

砂洗多用一些碱性氧化性助剂，使衣物洗后有一定褪色效果及陈旧感，若配以石磨，洗后布料表面会产生一层霜白的绒毛，再加入一些柔软剂，可使洗后织物松软、柔和，从而提高穿着的舒适性（图 3-6）。

砂洗首先要用到膨化剂，根据纤维的类别、织物的组织结构和紧密程度而选择膨化剂，膨化时要重点考虑浓度、温度、时间等膨化条件，纯棉衣物砂洗时可以采用碱性膨化剂（如纯碱）来加以膨化处理。接着要用到砂洗剂，衣物经膨化后纤维疏松，再借助特殊的砂洗进行摩擦使疏松的表面纤维产生丰满柔和的茸毛。要使绒面丰满，必须选用不同形态、不同硬度的砂粉，如可选用菱形砂（使松散的纤维产生绒毛）、多角形砂（使绒挺立）、圆形砂（使绒毛丰满）。另外要用到柔软剂，用于砂洗的柔软剂要求织物达到柔软带糯性，使织物能增重而且悬垂性要明显改善。因此这类柔软剂碳链要长，且具有阳离子性，能在织物上吸附达到增重的目的。

图3-5 "桃皮"效果的酵素洗

五、化学洗

化学洗主要是通过使用强碱助剂来达到褪色的目的。洗后衣物有较为明显的陈旧感，再加入柔软剂，衣物会有柔软、丰满的效果。如果在化学洗中加入石头，则称为化石洗，可以增强褪色及磨损效果，从而使衣物有较强的残旧感，化石洗集化学洗及石洗效果于一身，洗后可以达到一种仿旧和起毛的效果（图 3-7）。

图3-6 霜白效果的砂洗

图3-7 褪色磨旧效果的化学洗

图3-8 渐变效果的漂洗

六、漂洗

漂洗可分为氧漂和氯漂（图3-8），氧漂是利用双氧水在一定PH值及温度下的氧化作用来破坏染料结构，从而达到褪色、增白的目的，一般漂布面会略微泛红。氯漂是利用次氯酸钠的氧化作用来破坏染料结构，从而达到褪色的目的。氯漂的褪色效果粗犷，多用于靛蓝牛仔布的漂洗。漂白对板后，应对水中及衣物残余氯进行中和，使漂白停止。漂白后再进行石洗，称为石漂洗。

七、破坏洗

成衣经过浮石打磨及助剂处理后，在某些部位（骨位、领角等）产生一定程度的破损，洗后衣物会有较为明显的残旧效果（图3-9）。

八、马骝洗

马骝洗，就是高锰酸钾加草酸的水洗方法，用喷枪把高锰酸钾溶液按设计要求喷到服装上，发生化学反应使布料褪色。（图3-10）。

图3-9 残旧效果的破坏洗

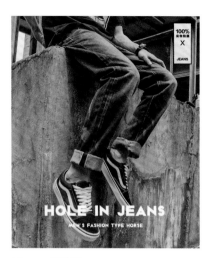

图3-10 马骝洗

图3-11 雪花洗

图3-12 猫须洗

九、激光镭射洗水技术

这种工艺是利用强光束照射在牛仔裤上，使牛仔裤表面受高温而引起物理褪色反应，从而形成我们所需要的图案。图案在电脑上设计，再传输到激光设备上进行加工。这样的牛仔裤加工工艺不但高效、简单，而且不会造成二次浪费或环境污染。

十、雪花洗

把干燥的浮石用高锰酸钾溶液浸透，然后在专用转缸内直接与衣物打磨，通过浮石打磨在衣物上，使高锰酸钾把摩擦点氧化掉，使布面呈不规则褪色，形成类似雪花的白点。雪花洗的一般工艺过程如下：浮石浸泡高锰酸钾——浮石与衣物干磨——雪花效果对板——在洗水缸内用清水洗掉衣物上的石尘——草酸中和——水洗——上柔软剂（图3-11）。

十一、猫须洗

猫须，就是手砂的一种，只不过磨成猫须的形状而已（图3-12）。

十二、碧纹洗

也叫"单面涂层／涂料染色"，这种洗水方法是专为经过涂料染色的服装而设计的，其作用是巩固原来的艳丽色泽及增加手感的柔软度（图3-13）。

设计师只有对水洗知识有清晰的了解和认识，才能拥有牛仔服设计基本技能。

图3-13 涂料染色的碧纹洗

第二节　牛仔面料创意设计

一、牛仔面料设计意义

牛仔面料是牛仔服设计作品的重要载体，牛仔面料的艺术再造更是现代牛仔服设计不可缺少的环节，其对服装造型效果的表现具有不可忽视的作用。如图3-14的牛仔面料艺术设计就是从粉刷白墙等中吸取创作灵感，在牛仔夹克面料上粉刷白垩色彩纹理，再在其表面制造摩擦效果，磨损树脂图层，然后用激光蚀刻，呈现出做旧的光泽，这样一来，褪色牛仔面料与原来的灰色面料就构成柔和的色彩组合。

图3-14 牛仔面料艺术设计

二、从牛仔面料艺术中挖掘新的设计灵感

过去很多服装设计只停留在单一手法的设计中，运用的设计手法不外乎颜色设计、面料搭配设计，所以设计出来的服装极其缺乏个性。而通过特殊手法处理后的面料会有意想不到的效果，这给设计师们带来了新的灵感启迪（图3-15）。

比如一块经过做旧洗水和烧孔手法相结合的牛仔布，呈现的是一种怀旧复古感和狂野不羁的另类感（图3-16）。同样是牛仔布，通过拼

图3-15 特殊手法处理牛仔面料

图3-16 做旧洗水和烧孔手法相结合合

接蕾丝、钉珠、烫钻等工艺可以表现出性感、妖媚、华丽的气质。法国设计大师克里斯汀·拉夸就是一位满怀创意的服装设计师兼具面料创意设计师，他在作品中将面料再造发挥得淋漓尽致，使服装涌动着时尚的激情。

三、通过牛仔面料的艺术设计凸显品牌形象

面料再造能推动服装品牌"个性"需求，满足现代人对着装自我表现、求新求变的消费心理追求，再造面料的服装既给人个性的美感，能将服装品牌推向更高的位置，形成其独特的风格。日本时装设计大师三宅一生开发的"三宅褶"服装，打破了高级成衣平整光洁的传统定势，形成与其他品牌完全不同的"另类"风格，将"品牌形象"非常鲜明地树立了起来（图3-17）。

图3-17 三宅一设计的"另类"风格牛仔服

图3-18 牛仔面料的皱褶设计

四、利用面料艺术设计促进品牌产品的差异化

我国大部分企业都很努力提升品牌运营的知名度，却忽视了产品差别优势，使得产品结构不合理，缺乏市场竞争力。通过面料再造增强产品的市场竞争力，走"差异化"发展道路可以使设计产生更大的附加值，为品牌打造更深的文化内涵。品牌可以通过面料再造形成自己独特的设计风格，使自己的品牌有别于其他品牌。

第三节　牛仔面料再造设计技法

一、面料立体设计

面料二次设计强调的是对后整理加工过的面料进行第二次处理，它可以是二维的，也可以是对面料的立体的三维设计，其方法和处理手段多种多样。面料立体设计主要是通过皱褶、重叠、压拓、编织等手法，使面料具有立体感、浮雕感的变形，产生更为丰富的肌理效果。

1. 皱褶

面料的皱褶设计是使用外力对面料进行打皱、抽褶或局部进行挤压、拧转、堆积等处理，从而改变面料的表面肌理形态，使其产生由光滑到粗糙的转变，有强烈的立体感。现代服装面料皱褶设计可以用于对整块面料外观进行肌理的重塑。例如日本设计师三宅一生从褶皱入手，充分发挥了褶皱面料本身所具有的表现力，作品"给我皱褶（Pleats Please）"在巴黎时装周上引起轰动，并使褶皱从需要被熨斗烫平的瑕疵一跃成为了一种别样的设计美感，改变了面料平庸、单调的面孔。使服装更具有层次感、韵律感和美感。面料的皱褶设计也可以用于局部，与其他平整面料形成对比，可以通过捏褶、抽缩、堆积等手法使面料形态发生改变，突出面料的肌理感与空间感，形成一种极具装饰性的艺术效果（图3-18）。

2. 绗缝

通过机器绗缝或压印的手法对面料进行图案处理，使面料具有浮雕般的立体外观，机器绗缝是按照设计好的图案在面料表面进行绲缝而形成纹理效果，也可以在面料的反面附加一层海绵或是腈纶棉，来强化面料表面的立体感（图3-19）。

冬天的薄棉服装进行面料图案处理多采用绗缝，展现服装材料凹凸不平的立体图案，已得到广大消费者的喜爱。压印设计选用的面料要求厚实且可以模压成型，一般选用较厚的皮革或经过特殊处理的可以压拓成型的面料。通过压印立体图案使原本平淡的面料焕然一新，不同的压印方法可以使同种面料形成风格迥异、新颖独特的视觉艺术效果。牛仔面料再造也需要探索这种工艺技法。

3. 叠加

叠加也是塑造面料立体效果的一种方式，通过多层面料叠加来营造面料的立体效果，形成一种重重叠叠又互相渗透、虚实相间的别样的立体空间（图3-20、图3-21）。面料的重叠可采用同种面料或多种面料以各种叠加的手法来完成。不同层的织物具有不同粗细、凹凸的质感，产生对比，使服装产生层次感、丰满感和重量感，获得突出的表面装饰效果，充满视觉冲击力。设计大师加里亚诺的"多层风貌"利用面料的叠加充分展示了光影变化，使服装产生一种明暗、有序的变化效果。

图3-19牛仔面料的绗缝设计

图3-20 牛仔面料的叠加设计

图3-21 富有层次感的牛仔面料设计

二、面料的添加设计

面料的添加设计是在成品面料的表面添加质地相同或不同的材料，从而改变织物原有的外观，形成特殊美感。例如，利用挂缀手法，把线、绳、带、布、珠片等材料运用其中，对服装面料装饰美化。

挂缀是通过缝、悬挂、吊等方法，在现有面料的表面添加不同的材料，使面料或服装表面效果发生变化的添加方式。其运用材料很丰富，如珠片、丝带、蕾丝、缎带、羽毛、毛皮、皮革、金属等（图 3-22~ 图 3-24）。

图3-22 添加钮扣的牛仔面料设计　　图3-23 钉珠片的牛仔面料设计　　图3-24 添加毛皮的牛仔面料设计

三、牛仔面料的减损设计

服装面料的减损设计是指在原有面料上，通过抽丝、剪除、撕裂、镂空、磨损、烧、腐蚀等手法除掉部分材料或破坏局部，使其改变原来的肌理效果，打破完整，使服装更具层次感、空间感，形成一种新视觉美感（图 3-25）。

1. 抽纱

抽纱是指抽取面料局部经线或者纬线，形成不同大小块面、不同形式、局部呈现只有纬纱或经纱的"洞"，使面料呈现透空感。还可在服装的边缘部分进行拉毛处理，形成流苏的效果。抽纱是通过破坏面料的基本结构，大胆地打破完整、单一、平面、洁净的面料概念。设计师通常用这种手法来表达设计中的一些反传统服装观念（图 3-26）。

图3-25 牛仔面料的镂空设计　　图3-26 牛仔面料的抽纱设计

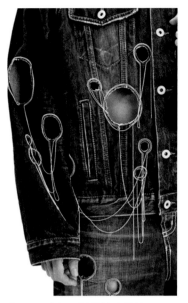

图3-27 牛仔面料的挖孔设计

2. 挖孔

通过使用切、剪、激光、腐蚀等方法在面料表面造成孔洞，营造出通、透、空的装饰效果。这种对面料的处理方法打破了整体沉闷感，产生出了更丰富的层次。可用于服装整体面料镂空与局部镂空，产生极具装饰性的效果（图 3-27 ）。

第四节　牛仔面料艺术设计实践

牛仔面料艺术设计第一步是确定面料、组织构图以及工艺手法。第二步是设计表达，包括案头表达和实物制作。案头表达是通过画设计图的方式（通常包括草图和效果图）将设计意图表达在纸上，根据需要有的还附有文字说明。实物制作是设计者根据自己的设计方案，运用实物材料进行试探性的制作。服装面料艺术再造的实物制作包括对面料的制作和对整个服装的制作。前者用来表达设计者的主要设计思想，后者可以很好地展现面料艺术再造运用在服装上的整体艺术效果。由于实物制作具有明显的试探性，通常需要在不同面料小样之间进行反复对比，最终得到令人满意的服装面料艺术再造。在进行服装面料艺术再造的过程中，这两种实物制作形式都可以采用。一般进行面料艺术再造的思路有以下两种：

一、先建立设计思路，再选择合适的面料

这种方法是从所要设计的服装的风格、穿着场合、穿着对象等因素着手去选择相应的服装面料艺术再造的设计方法之后，再根据服装面料艺术再造的表达和实现手法，考虑所要设计的服装是什么风格的，需用什么样观感的面料来表现，从而选择最适合的面料，这就要求服装设计者应掌握大量的"面料信息"，以便从中优选（图 3-28 ）。

图3-28 面料信息的收集

二、由现有面料萌发设计灵感进行设计

与上一种方法不同，这是一种反向的设计方法，设计师可以利用牛仔面料的粗犷、纱质面料的飘逸的鲜明个性，赋予其新的艺术效果，越来越多的设计体现牛仔与其他面料的冲突与融合。高贵的皮革、轻盈的流苏、浪漫的蕾丝、炫目的珠片都被毫不犹豫地运用在牛仔面料上，再加上镶嵌饰物等时尚流行因素，带给服装面料十分独特的艺术效果（图3-29）。这些新的视觉效果是对原有面料新的诠释，有时甚至会在矛盾中得到统一。这种从局部到整体的构思方法，最初一般没有明确的设计主题，但往往可以激发设计师的创作灵感和想象力。

图3-29 浓郁艺术效果的牛仔面料艺术创意

著名设计师迪奥就曾经说："我的许多设计构思仅仅来自于织物的启迪"。通常这是一种"多对一"的关系，也就是说从一种面料应该可以发散出许多不同的设计构思，实现一种服装面料艺术再造的多样化表现。无论以哪种设计思路为出发点，都要考虑处理好服装和面料艺术再造整体与局部的关系，同时创造的成功与否还离不开设计者对服装面料的认识程度、运用的熟练性和巧妙性，以及把握正确的设计原则。

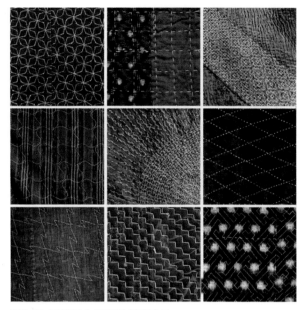

图3-30 结籽绣牛仔面料创意设计

三、创意牛仔面料的小样制作

面料再造的灵感来源无外乎几种：宏观世界、微观世界、姊妹艺术和社会生活。宏观世界的花草鱼虫、宇宙星际、海底世界，热带雨林等，我们都可以获取服装面料设计的灵感，比如蘑菇、蝴蝶、热带鱼这些具体的宏观世界生物，它们的美丽总能激发设计师的种种创作想象；微观世界的细胞结构、雪花冰晶等都是那么的神奇惊艳；姊妹艺术中的波普艺术、色彩构成、平面构成、折纸艺术、油画、国画、建筑艺术、环境艺术等都可以作为我们灵感的来源；当然还有社会生活，人们在社会生活中积累的刺绣、编结、剪纸、戏曲表演等都可以激发我们的灵感。图3-30就是从平面构成艺术中获得灵感启发制作出的创意面料小样。

图3-31 珊瑚云母灵感牛仔面料创意小样

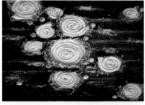

面对林林总总让人感到美不胜收的灵感来源，如何捕捉设计元素，为自己的创意提供源泉，显得尤为重要。其实若从下面这几个方面来捕获，就能得到十分有条理的思路。一是从来源资料中捕捉"型"，二是从资源中提取色彩，三是从资源中捕捉肌理与图案。图3-31就是从一张包含珊瑚、云母的海底场景图片中提取型、色、质而制作出来的面料小样。

图3-32 牛仔面料创意小样制作

结合前面学习的工艺手法和灵感素材捕捉的方法，我们首先手绘简单的效果图，然后可以制作自己牛仔面料创意小样（图3-32）。

课后练习

1. 下厂参观洗水工艺，写一份参观报告。重点关注所应用的材料、设备、和各种洗水效果产生的原理。
2. 洗水实训。学生自己准备材料进行洗水工艺操作，记录洗水工艺方法，并展示洗水作品。
3. 以一张海底生物图片为灵感来源，用牛仔面料创作作品。规格参考：50cm×50cm。

第四章

牛仔服设计思维及其表达

第一节　牛仔服设计师审美能力提升的路径

一、提升对牛仔布美的感知

服装设计师对面料的认知程度和运用能力是影响设计作品优劣的重要因素。优秀的设计师,对服装面料往往有敏锐的洞察力和非凡的想象力,他们在设计中,能不断挖掘面料新的表现特征(图4-1)。

实际生活中,人们往往通过"感觉、知觉、体验、思考"去实现自己的审美功能。服装审美偏重于视觉和触觉,因而深入感知牛仔面料的视觉特征和触觉特征是牛仔服设计师应当关注的两个方面。

一般视觉肌理分为自然肌理(隐性肌理)与人工肌理(显性肌理),牛仔面料生产所形成的粗糙与细腻、厚重与轻薄的肌理效果叫自然肌理或隐性肌理。在自然肌理的基础上进行加工整理,比如增强肌理的凹凸、疏密、明暗等变化,凸显面料的视觉艺术感染力,通常称为人工肌理或显性肌理。显性肌理在视觉刺激度上明显高于隐性肌理,也更具有浓郁的装饰性和表现力(图4-2)。

牛仔面料的视觉特征还包括材料的情感特征。它是指通过对材料外观的视觉观察想象,在人的心理上所产生的一些对生活经验的映射的心理活动。归纳有以下几种感觉:温暖感和冰冷感、柔软感和硬挺感、华丽感和质朴感、静止感与运动感、膨胀感和收缩感,厚重感和轻盈感等。

触觉特征是人的触觉器官接触织物时所产生的具体感觉,比如轻与重、光滑与粗糙、有弹性与没弹性,温暖与凉爽等(图4-3)。一般来说面料再造设计的触觉肌理特指面料的质地、手感、织法、纹理等。

图4-1 牛仔面料新的表现特征

图4-2 牛仔面料厚重与轻薄的肌理效果

图4-3 牛仔面料光滑与粗糙的触觉肌理

二、遵循美学规律

统一和变化是牛仔服设计的基本美学规律。统一的美感是多数人最易感觉到和最易接受的，在进行服装艺术设计实践时要遵循。牛仔服设计实践过程中，统一与变化包含服装的造型、面料、色彩之间的统一与变化。在设计中始终脱离不了统一与变化这对基本的美学规律，而要想很好地表现统一与变化，还需要形式美法则的支撑。服装艺术设计的形式美法则主要包括对比与协调、节奏与韵律、对称与平衡、比例与分割等（图4-4）。在设计时，既要运用这些法则，也要敢于在这些法则上有所突破。这种突破可以表现为局部突破和整体突破，局部突破是指在主体效果中作"点"的有违形式美法则的设计，但整体上仍反映出良好地艺术视觉效果。整体突破则是完全违背形式美法则，表现为"反常规"设计，旨在体现设计作品的新鲜感和设计者鲜明的设计构思。

三、运用点、线、面三大造型元素

点状构成是指牛仔服设计作品上的小面积块面形式。一般来说，点状构成最大的特点是活泼，点状构成的大小、明度、位置等都会对服装设计影响至深。通过改变点的形状、色彩、明度、位置、排列、数量，可产生强弱、节奏、均衡、协调等感受。

线状构成是指局部以线的形式呈现于服装上，线状构成具有很强的长度感、动感和方向性，因此具有丰富的表现力和勾勒轮廓的作用（图4-5）。线状构成的表现形式有直线、曲线、折线、虚实线。线状构成容易引导人们的视线随之移动，线状构成的面料艺术再造最容易契合服装的款式结构，同时线状构成有强化空间形态的划分和界定的作用。

面状构成是指服装面料艺术再造被大面积运用到服装上的一种形式。面状构成通常会给人"量"的心理感受，具有极强的幅度感和张力感。相比前两种构成，面状构成更易于表现时装的性格特征，如个性、前卫或华贵，其视觉冲击力较强（图4-6）。

四、关注各种艺术风格流派是提升艺术设计审美的有效途径

与服装设计相关的艺术流派通常提到的有波普艺术、欧普艺术等，就设计风格来讲有朋克风格、田园风格（图4-7）、极简风格、民族风格等，作为面料创意设计，一定要关注艺术动向，以及时下流行的设计风格。

图4-4 统一与变化的美学规学

图4-5 线状构成

图4-6 面状构成

第二节　灵感的汲取与运用

一、灵感的汲取

服装设计大师的每季作品，其灵感来源是不尽相同的，它可能来自设计师特别感兴趣的一种东西、一种情感、一个熟悉的人、一个特殊的地方、一次人生经历等，或者大自然中存在的某种颜色、肌理或形状，甚至一种味道或声音都能够带给设计师灵感。所以灵感的来源是非常丰富的，只是需要一个触点，将它与设计师的设计意图或是设计任务联系起来。拉尔夫·劳伦（Ralph Lauren）善于将传说中的美国西部英雄好汉形象运用到服装设计中：皮靴、牛仔裤、缀着流苏的小羊皮外套，经过他的精炼加工，这些装束已被提升为美国面貌的一部分，形成独特的美国风格。卡尔文·克莱恩（Calvin Klein）从电影《教父》《博尔萨利诺》中找寻灵感，电影中黑道老大常穿的细条纹布料、装着衬衫领子的女上衣、白色亚麻面料的西装后来就都出现在设计师的服装系列中。

意大利设计师罗密欧·吉利的创作灵感通常来源于神话，所有的服装都有神话色彩，复杂、深邃、神秘、诱惑。他经常去中国、埃及、印度、南美旅游，从这些国家和地区的民间设计中汲取营养，寻找灵感，他喜欢古典绘画的色彩，在面料的选用上特别能体现这一点，将古典的气氛营造得非常淋漓尽致。毕业于伦敦圣马丁艺术设计学院的设计师拉法特·奥兹别克设计的服装具有浓烈的色彩和鲜明的图案，他将芭蕾舞蹈、俄国军装、吉普赛衣裙、美国土著服装中获得的灵感有机地结合在一起。他说："我想给这些民俗的动机添上都市的色彩，我的服装要让穿着者打开新眼界，体验新感受，踏上新征程。同时，还要显得非常性感。"通过以上大师们的设计实例，我们可以看到，服装设计的灵感是非常丰富的，有来自实际生活、大自然、姐妹艺术（包括绘画、雕塑、摄影、音乐、舞蹈、戏剧、电影、诗歌、文学等）、民族文化、流行资讯等。

图4-7　田园风格牛仔服设计

以精细苛刻的做工而闻名的牛仔服品牌李维斯公司公布的2017秋冬系列成衣（图4-8），灵感源自冰岛的壮丽河山和独特的地理奇观。当地特有的苔藓、地热泉、火山地形与霜雪冰河风貌等都在成衣上得以体现，凸显本次秋冬系列衣款层次的丰富。本次成衣的面料选用了羊毛、喀什米尔、重磅牛仔面料与奢华皮革，具备时尚潮流的同时保证了衣款的秋冬保暖性能。

图4-8　李维斯公司公布的2017秋冬系列成衣，灵感源自冰岛的壮丽河山和独特的地理奇观

二、服装灵感素材整理

设计素材通常划分为：

造型元素：服装廓型和各个局部的造型。

色彩元素：色彩的色相、纯度、明度。

面料元素：面料成分、外观、手感、质地、厚薄等。

辅料元素：辅料的种类、材质、形式、外观、手感等。

结构元素：结构的属性、规格、处理等。

工艺元素：缝纫方法、熨烫方法、锁扣方法等。

图案元素：图案的属性、题材、风格、配色、形式等。

部件元素：零部件的种类、造型、色彩等。

配饰元素：配饰的种类、材质、造型、色彩等。

下面给大家介绍一种特别实用的分类整理设计元素的方法。例如，可以按照个人的喜好进行分类。将自己最感兴趣的，最吸引人的部分拿出来，再进行更加深入的、具体的信息扩展，这样反复几次，就可以找到非常独特的视角和挖掘出更加深入的想法。准备几个大的 A4/A3 的硬皮活页夹（中间可自由添加页数），一本为面料收集，一本为颜色收集，一本为随手涂鸦的速写，一本为各种图片收集，一本为制作过程、样衣修改的照片或者文字记录。这样可以使整个过程收集的东西一目了然，也方便日后查找。

三、灵感的运用

把灵感来源转换成作品，下面的途径可以帮助大家有效地转换——"名词 + 形容词"法。

看到一幅灵感来源的图片资料，我们分三步来思维：

第一步用名词来描述所看到的，把所有能想到的全都罗列出来。

第二步是用形容词来描绘你所看到的灵感图片的感受，能罗列多少就罗列多少。

第三步写出自己能表达灵感的面料。

经过以上三个步骤，同学们就很容易完成灵感来源的转化。

创意类服装设计需要强调手法，新颖的题材可以让人耳目一新，有清风扑面之感。首先可以将文物艺术品运用到服装上，如从彩陶、青铜、玉器、漆器、金银器、瓷器、印染织绣、建筑装饰的纹样中吸取图案的设计灵感。摒弃传统图案中含有的阶级意识与迷信色彩，继承传统图案的纹理与吉祥如意的内涵。例如在吉祥图案的影响下逐渐形成的一种如意云图案，几个如意云相互连在一起，就增加了图案的装饰趣味。其次，借鉴中国的传统书法、国画、版画、剪纸、扎染、刺绣等艺术形式，如在草书、隶书、篆书、工笔、写意、泼墨画、年画、雕刻、漆画、磨漆画等中提取灵感，使古老的意境穿越时空来到现在，体现了题材的运用。例如，西方的著名时装设计大师加里亚诺和麦克奎恩，就是善于把世界各地的民族图案、古典装饰纹样运用到服装上，并结合经典与荒诞、高贵与街头，演绎出另类的优雅与华丽。最后把世界各地服饰设计所运用到的灵感与传统的、现代的、民族的进行对比，将主客观的灵感运用进行融合再创造，就是将灵感运用转变为设计的一种过程。

灵感要素提取的不同，影响着服装设计产品的形成。如何将灵感来源与具体设计要求更好地结合，在充分表达品牌理念的同时，保持品牌的风格，是值得深入探索的课题。

华南师范大学梁丹华同学设计的《东方牛匠》系列牛仔服获得第八届"均安杯"全国大学生牛仔设计大赛一等奖（图 4-9）。作品的设计灵感为：用蓝色牛仔布来表达经典牛仔服设计美感，用白色牛仔布来表达中国哲学"恬静"的意境美。东方祥云图案印染在面料底层，植物花卉图案刺绣在面料上层，在绣线中穿插朱红流沙

图4-9 梁丹华同学设计《东方牛匠》部分作品效果图

线，最后在表层辅以珠绣点缀，呈现错落别致之感。作品着意表达一种东方哲思，意即空灵的禅宗美学。服装轮廓简单清晰，线条自然流畅。蓝白相间，似黑夜与白昼的生生不息，又如日光在草木砂石投下的影子，靛蓝与白色的随心搭配，描画出大自然蕴含的诗意。2017 中国国际时装周 M.X·杨珊时装发布会在北京饭店金色大厅上演，她以时尚前卫的设计理念，燃爆本季时装周（图 4-10）。时装发布以"时代·沙溪"为主题，设计师运用全新的混搭风格和狂野前卫的设计手法，致力于将传统休闲与时尚流行相结合，重新诠释休闲服装的时尚潮流。

图4-10 2017中国国际时装周M.X·杨珊以"时代·沙溪"为主题牛仔服设计

第三节　牛仔服设计思维的表达

一、基调板、故事板和概念板（手稿图册）制作

通过调研、整合和分析，设计师会逐渐找到更为明确的设计方向和设计重点。这一过程中的每一个阶段都会为

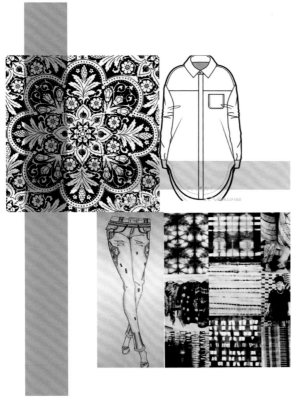

图4-11 以绘画形式表现的手稿

图4-12 以拼贴手法制作的手稿

设计师提炼出系列设计必须考虑的关键要素，如造型、色彩、面料、细节、印花图案和配饰手法等。接下来的阶段则是运用手稿图册将设计师的思维简单地聚焦，并且创作出一系列效果图来逐渐明确设计师想运用的元素。这种关键元素的聚焦可以用一系列基调板、故事板或概念板的形式来呈现。基调板、故事板和概念板是一种向他人展现设计师所聚焦的设计信息的方法，它们组合一起就成为设计师的手稿图册，手稿图册是将设计师收集的资料进行拼贴加工的地方，常常应用到的手法有绘画、拼贴和并置等。

二、手稿图册的制作手法

1．绘画

运用各种不同的绘画工具，如铅笔、钢笔和颜料等，将灵感来源的物体或图片部分或全部地画出来，可以帮助设计师理解其中所蕴含的造型和形式，通过绘画表达出笔触和肌理效果，也可以将所画线条转化为设计或结构以及面料的参考图案（图4-11）。

2．拼贴

是指将从不同来源获得的信息资料拼合在一起，好的拼贴图将探寻多种不同的要素，它们显示各自的冲击力和特性，但是将它们组合在一起时会从整体上显现出新的方向。当设计师对图片进行加工时，不要局限于规矩的造型，可以剪出各种形状并以一种具有创造力的方式将他们拼贴在一起（图4-12）。

3．并置

把图和面料放在一起，寻找新的发现（图4-13）。

三、手稿图册的版式和构图

　　手稿图册是为了灵感和探究分析，版式不应安排得太呆板（图4-14）。通常在两个相对的页面上完成，左边是灵感来源，右边是草稿的绘制，这样设计理念就会清晰明了地呈现。不必用图片和绘画填满一张页面，留出的想象空间，常常会为页面及阅读增添活力。不同的边缘形状和不规则的尺寸大小都可以成为信息资料构图和版式的要素。允许不同来源的素材通过拼贴相互作用，同时在并置排版时也要有空间。

图4-13 图和面料并置制作的手稿

　　通常在两个相对的页面上所需要的就是一幅精美的绘画和单张照片，这足以说明一个设计理念并呈现出具有冲击力的事物（图4-15）。

四、设计思维的快速表达

1. 正稿的形成过程

　　从草稿→初稿→正稿过程，就是一个构思、阅读、收集、记录的过程，在这个过程中，设计师通过大量的草稿，迅速记录瞬间的想法，这是一个锻炼思维、提高设计能力的必经之路。可以从几个方面展开：从服装的造型入手，如A型为原型，通过局部造型的变化，延展出Y、X、S、V、H、O、T等廓型；从现有面料的色调、材质的感觉入手，确立整体风格，考虑配饰的搭配效果，展开款式的设计；从一个设计元素入手，比如褶皱的应用、层次的搭配等流行元素的运用，一个系列的服装设计所用的装饰手法、设计元素、结构设计等都要贯穿统一。

　　另外有两种直观的设计草稿值

图4-14 灵活的手稿排版形式

图4-15 两个相对页面的手稿排版形式

得大家去尝试。一种是把收集的资料页面进行复制，然后采用不同角度剪切再拼贴在人体图形上（图4-16）。通过这个方法，你会立刻发现一些图片设计的潜能。拼贴时注意这几个部位：颈部、肩部、臀部和腿部。还有一种是运用织物垂褶，对照片进行蒙太奇处理。将你在人台上所做的织物悬垂练习照片和效果图在人体图形上进行拼贴，试着围绕人体移动图片，并调整比例和位置，在人台上所获得的最初创意可以转化为有深度的设计，在此基础上进行草图设计稿的绘制。

2. 设计草图的快速表现

时装设计是一项时效性相当强的工作，需要设计者在极短的时间内，迅速捕捉、记录设计构思。这种特殊要求使得这类时装画具有一定的概括性、快速性。一般来说，具有这种特性的时装画，便是时装设计草图。通常设计草图并不追求画面视觉的完整性，而是抓住时装的特征进行描绘（图4-17）。有时在简单勾勒之后，采用简洁的几种色彩粗略记录色彩构思；有时采用单线勾勒并结合文字说明的方法，记录设计构思、灵感，使之更加简便快捷，人物的勾勒往往省略或是非常简单，省略人体的众多细节。因此，设计草图是服装设计构思中可视形象的表现形式，是对构思的服装各要素进行延伸和组合的设想和计划。

图4-16 在人体图形上直接拼贴的草稿制作

3. 设计初稿的绘制

通过大量的草图，分别从服装廓型、色彩、色调、结构工艺、面料肌理、装饰手法、着装风格等方面进行分析、整合调整，最后确定设计方案。

4. 服装效果图正稿的绘制

把草图进行整合筛选后，初稿形成，这个阶段要考虑的方面就比较多了，比如色彩搭配的和谐、款式结构的合理、面料材质的融合，同时还要考虑正稿的整体效果和最后成衣的实际效果，这个阶段是一个统筹安排，提炼升华的阶段（图4-18）。

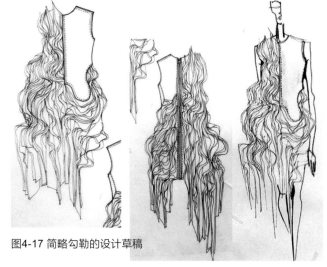

图4-17 简略勾勒的设计草稿

5. 款式图的绘制

服装设计的款式图为服装的裁剪制作过程以及公司技术部门之间的有效沟通提供依据，是成衣设计的重要表达形式。这需要款式图绘制者首先对服装结构有充分的了解，服装结构的细节均应交代清楚，比如褶皱还是省道，是结构线还是装饰线等，均不能含糊。

图4-18 牛仔服设计效果图正稿

6．数字化的服装设计思维的表达形式

数字化表达服装设计思维，主要包括依靠计算机辅助服装设计的技术进行服装效果图和款式图的绘制（图4-19）。计算机辅助设计的软件分为两类：通用设计软件及专业设计软件。通用设计软件有平面位图设计软件，如 Photoshop、Painter；平面矢量图设计软件，如 CorelDraw、Illustrator 等。专业软件，分为二维服装 CAD 软件和三维服装 CAD 软件两大类。二维服装 CAD 分为款式设计和结构设计两种。用电脑来进行款式设计，电脑内部可以储存大量的模特及部件，通过 CAD 软件，不但可以使用各种画笔工具来描绘款式图，还可以把面料通过扫描替

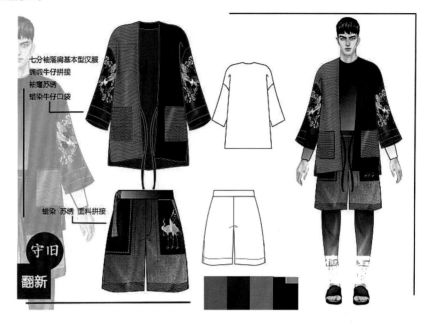

图4-19 计算机辅助的牛仔服效果图绘制实例

换到衣服上，而且使用复制、粘贴等工具方便对图形作出修改。结构设计又称打板，省去手工绘制的繁复计算和测量，不但速度快，准确度也高。三维服装 CAD 主要应用有两类：一是用于量身定做，二是用于模拟试衣系统。

第四节　牛仔服效果图与款式图的绘制

一、牛仔服效果图的绘制

水洗牛仔绘画着色步骤（图4-20）：

1．线稿
着装线稿、款式、衣纹、褶皱线是否表达正确、清楚、到位。

2．调色 、 平铺底色
用水彩或水粉颜料调淡蓝色，快速晕染画面作为面料的底色，笔触不要乱，上色要均匀。

3．上暗部、 留光
确定光源，等画面半干的时候，用深一度的蓝色交代出画面的暗部及褶皱部分，留出中间水洗、受光面，颜色过渡为渐变，表现水洗痕迹。

图4-20 水洗牛仔服效果图的线稿

图4-21 水洗牛仔服效果图的细节着色实例

图4-22 水彩颜料着色的牛仔服效果图实例

图4-23 彩色铅笔着色牛仔服效果图实例

4. 表现粗糙的质感及斜纹

等画面干透，用干笔蘸深色或水溶性彩色铅笔画斜向或横向纹。

5. 画面调整

签字笔勾线，画出牛仔服装的明缉线（图4-21）。

6. 完成图

二、牛仔服效果图实例

见图4-22水彩颜料着色牛仔服效果图绘制实例和图4-23彩色铅笔着色牛仔服效果图实例。

三、牛仔服款式图的绘制

服装款式图，又被称为平面结构图或工艺图，是指一种单纯的服装服饰品的平面展示图。款式图适合工业化生产的需要，可以作为服装生产的科学依据而独立存在，也可以作为对时装画的辅助和补充说明。时装画展示出服装的整体搭配和设计师的风格与艺术表现力，而款式图则按照正常的人体比例关系，对服装进行说明，清晰地展示出时装画中被忽略的细节部分，打板师往往是依照它来进行纸样设计的。

1. 款式图的结构与比例

款式图应当以严谨详实的手法，尽可能准确地展现出服装的款式、比例和细节。这就要求绘图者对服装结构有充分的了解，如服装的省道、结构线、褶皱、装饰线等。款式图中不显示人体。但是对服装的描绘要符合人体的比例关系，同时还要注意对服装各部位之间比例的把握，如袖长与衣长，领形与衣身腰节线的高低，省道的形状与长度、扣位与口袋位等结构的比例（图4-24）。

2. 服装款式图的线条

服装款式图常用的线条一般有三种，即粗实线、细实线和虚线。粗实线一般用来表现服装及服装零部件的外轮廓线，细实线则表现服装的内轮廓线，即省道线、分割线和装饰线，有时会用最细的实线表示衣纹，缉缝线一般用虚线表示。

3．款式图表现要点

款式图是对服装款式特征的表现，在绘制款式图之前，要充分考虑服装的款式特点，如服装的领型、袖型的变化，画出符合实际的平面款式图（4-24）。

根据款式图的具体用途选择多种表现形式：从设计构思到打板生产，服装款式图应用于服装行业的各个环节，所以应当选择不同的表现形式对服装进行说明。写实风格的款式图，用于构思或提供款式方案；规整的款式图，用于工业生产说明；工艺单中的款式图，用于样品制作和工业生产环节，除了有正背面的款式图和细节说明外，还应准确填写成衣尺寸、辅料和具体的工艺制作要求（图4-25）。

图4-24 牛仔服款式图绘制图例

四、绘制细节说明

1．领子和领口弧线

翻领弧线要保持上下平行，领口翻折线要微弧，为表现领子翻折厚度，翻折处要用弧线表示，并适当与脖子留有空隙。翻领处要自然贴合颈部曲线，不要向外打开，用线要圆顺。肩部应注意肩线的倾斜度，袖窿处袖子圆顺下垂（图4-26）。

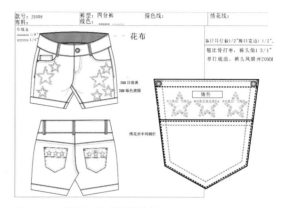

图4-25 工艺单上款式图的绘制

2．衣身与袖子

袖子弧度最大的地方一般在腰围线附近，也就是袖肘处。合体的服装可以在腰围线与人体腰部附近留出空隙。袖肘处的转折：注意虚线的位置，袖子的延长线应与翻折点相交，可以适当用弧线表现面料的柔软性与厚度（图4-27）。

3．前门襟

注意画出门襟的宽度和重叠量，扣位对准前中心线。用翻折的形式来表示开衩的位置和大小，扣子分布要均匀，扣子的中心位置应对准前中心线，注意对扣眼、钉线等细节的描绘，注意对拉链细节的描绘，从而表现出其工艺特点（图4-28）。

4．裤子

要以弧线表现臀部曲线，注意前后裤裆处的简化处理，裤脚处的透视变化（图4-29）。

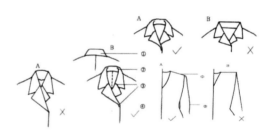

图4-26 绘制款式图时领口和袖窿的注意细节

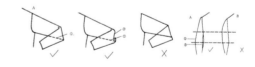

图4-27 绘制款式图时前后袖肘的注意细节

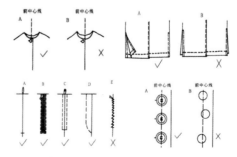

图4-28 门襟、开衩、扣子在绘制款式图时应注意的细节

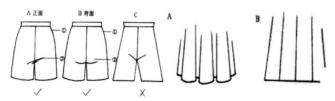

图4-29 裤子臀部、裤脚及裙子裙摆在绘制款式图时应注意的细节

图4-30 款式图拓展设计方法

图4-31 利用绘图软件绘制的款式图

5．下摆

注意对裙子下摆褶皱和透视的准确描绘（图4-29）。

五、款式图手绘方法

第一种是先用铅笔画出衣身前中心线，并确定服装的比例和廓型，然后对细节进行描绘，最后用绘图笔勾线。

另外一种方法是在已经完成的款式图上进行结构或细节的调整，拷贝完成新的款式图（图4-30）。

第三种是利用绘图软件结合工艺单的要求进行绘制（图4-31）。

课后作业

请以牛仔面料为主设计一套秋季时尚休闲装，绘制效果图。要求：

1. 绘制在8开纸上，注意构图。
2. 款式设计紧扣题意，新颖有创意。
3. 整体搭配得当，面料质感表现生动自然。
4. 绘制正面、背面款式图，面料小样，写设计说明。

第五章

牛仔服的特殊设计元素

第一节　标牌

一、标牌的材质

标牌就是在牛仔裤腰部显示的 Logo（图 5-1）。大家穿牛仔裤，第一眼注意的往往是裤型或者是裤子上的洗水式样这些显而易见的元素。其实牛仔裤上有不少小细节都是很有趣的，比如牛仔裤的标牌，其一般缝制在牛仔裤后腰上。标牌的材质通常有以下几种：真皮、布、纸或金属。

图5-1 标牌

1. 皮标

皮标，作为每个牛仔裤品牌都会使用的标志，用来显著地标明自己的品牌。皮标的材质具体可以细分为牛皮、鹿皮、羊皮、猪皮牌、金色皮牌、银色皮牌，超纤、帆布、马毛、PVC、TPU 等，其中以牛皮最为常见，使用牛皮的一个原因是原材料获取相对比较容易、价格低廉；另一个原因是牛皮比较牢固。鹿皮缩水率比较高，但脱浆之后比较好看。如果脱浆彻底的话，鹿皮皮标在脱浆后至少会比脱浆前的整体面积缩小四分之一。羊皮皮本身一般比较柔软，但质量上好的小山羊皮价格比较昂贵。除了这三种比较常见的皮质材料之外，还有一些特殊的皮质材料会运用到标牌上面，如 Lee 里面经典的马毛皮标，在皮标的表面，附着一层马毛（图 5-2），还有仿蟒蛇皮的皮标等。

图5-2 Lee的经典马毛皮标

2. 布标

19 世纪 20 年代，Levi's 一个特殊产品的出现，在其历史上短暂地取代了皮标，这就是当时作为廉价版而出现的 201 牛仔裤，使用了白布标。现在，Levi's 的 CIRCLA-R 系列又重新使用了布标（图 5-3）。

图5-3 19世纪20年代，Levi's的布标

3．纸标

到 1950 年后，Levi's 开始使用特殊材料的纸标取代了皮标。纸标，这是一种特殊材质的纸所制而成。在现在专柜所出售的普通版 Levi's 501 之中，基本就是使用这种纸标（图5-4）。而 Levi's 的 BLUE STAR、WHITE STAR 等系列，不仅改变了标牌的材质，连标牌上面的样式也改变了。由此可见，牛仔裤腰中的标牌确实是牛仔裤不可缺少的，用以和其他品牌相区分的物件。如果仔细研究的话会发现各个品牌之间标牌有很大的区别。而有的欧洲品牌有时还会使用一些金属材质的标牌，由于已经偏离了复古牛仔裤的范畴，这里就不具体介绍了。

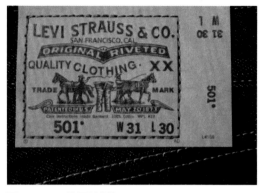

图5-4 Levi's使用的纸标

二、标牌设计

1．牌面内容

从牛仔裤标牌上面所包含的内容来看，最为常见的就是以 Levi's 为主的类型。整个皮标上大体分三个区域，最上面是品牌名称，中间是品牌的标志性图案，最下面是裤子的型号和尺码（图 5-1）。许多日本牛仔裤也是这样模仿的，尤其是中间的图案，有采用两架直升飞机拉裤子的，有两只山羊拉裤子的，有两辆摩托车拉裤子等图案（图 5-5）。还有一种比较常见的就是 Lee 和 Wrangler 类型的，表达简洁明了，上面一个大大的品牌 Logo，下面是尺码，或者干脆就只有品牌 Logo。这个特征不少日本牛仔服也都采用了。另外，日本牛仔服中也不乏自创的标牌内容，有的走的是简洁路线，有的是民族风，有的是突出现代感，有的则干脆是一幅画。标牌这个小小的方寸之物发展到现在，除了当时用来与其他品牌相区分的基本功能之外，更多的是表达了各个牛仔裤品牌自己的理念。

2．标牌的工艺

标牌的工艺一般为热压（高温定时烫）、电压、丝印、激光、车线、绣花、打五金等，要根据设计师的设计要求以及设计师想要表达的主题来制作，不同主题配合不同材质，自然要用不同的工艺来体现。牛仔裤皮标产品有特殊的讲究和独特的魅力，设计师不可忽略它的存在价值，因为它的重要性以及不可取代性是显而易见的。

图5-5 不同的牛仔服品牌皮标牌面的内容各异

三、标牌的作用

综合起来看，牛仔裤后腰标牌的作用大概有以下几点：

1. 装饰性
后腰标牌一般多为牛仔裤品牌 Logo，比如 Levi's 的两驾马车，有些品牌牛仔裤的标牌设计新颖，时尚性也很强。

2. 炫耀性
世界大牌牛仔裤的标牌可以显示穿着者品位的不凡。

3. 实用性
腰带从牌牌下穿过，增加腰部束牢度。

4. 辨真伪
许多品牌的牛仔裤可以通过后腰标牌来辨别真伪（图 5-6）。

图5-6 依靠标牌辨别牛仔服品牌真伪

第二节　牛仔服的钮扣与撞钉

经典款的牛仔裤，钮扣的设计也彰显品牌文化，现代复制版的牛仔裤制作时就特别注意牛仔裤钮扣的年代感，一般不会是崭新的钮扣。早期的牛仔裤品牌，比如 Levi's、Lee、Wrangler 钮扣图案都是月桂树，可能是呼唤和平年代的到来。比较特殊的是 44501 牛仔裤，采用的是空心月桂树钮扣。做牛仔裤的过程几乎无可避免必须使用牛仔裤特有的五金零件——钮扣，包括工字钮、四合钮、窝钉、鸡眼等。钮扣除了实用功能外，现在更被作为设计元素，变成品牌个性化的亮点，例如牛牌 Tough 就很擅长用五金钮扣强化自己独特的军装结构风格。

一、牛仔服的钮扣

牛仔服一般采用工字钮（图 5-7）。工字钮由上面的扣子（A件）和下面的钉子（B件）两部分组成。因组合后的造型很像中文"工"字，故而得名。常用的工字钮底有以下几种（图 5-8）：

1. 胶芯工字钮
一般配铝螺丝钉，螺丝钉也有长短之分。

2. 旋转工字钮
亦称摇头工字扣，可配单针铝钉。

图5-7 牛仔裤专用的工字钮

3. 双针工字钮

配铜质双针钉。

4. 单针工字钮

通常配单针铝钉。

二、牛仔服的撞钉

撞钉其实叫做铆钉，牛仔裤曾命名为撞钉裤，由此可见撞钉在牛仔裤设计中的重要性（图5-9）。复制版的501牛仔裤中，撞钉也会根据年份的不同有所差异。一般复制版的牛仔裤撞钉比较偏深色、古铜色，现在大量生产的牛仔裤撞钉一般为亮铜色。撞钉应用的部位一般为小表袋、后袋，而且上面印有字。

三、牛仔服的窝钉（图5-10）

四、牛仔服的抓钉（图5-11）

五、牛仔裤钮扣和撞钉的应用部位

一般一粒钮用在裤腰部位，也有两粒、三粒钮扣在裤腰门襟部门的设计，还有在门襟处使用三粒钮扣，而不用拉链的裤子。当然还可以把钮扣作为装饰用在其他部位，比如裤口处。撞钉用于小表袋以及后袋，有时也会用在门襟下起固定作用，增加牢固度。钮扣、撞钉（图5-12）、拉链等牛仔裤上面应用的五金材料的金属成分比例、金属成分的特性、使用之后能呈现的质感与氧化程度以及色泽都涉及比较专业的知识和常识。可以说，牛仔服上的五金零件最容易判断牛仔品牌对于整体品质要求与坚持的程度。

图5-8 常用的工字钮

图5-9 撞钉在牛仔裤上的应用

图5-10 不同造型的窝钉

图5-11 牛仔服上的抓钉

第三节　牛仔裤的袋花、赤耳和红旗标

一、牛仔裤的专属名片——袋花

牛仔裤后口袋上的弧形缝线，最早是由Levis1873年设计来装饰牛仔裤后腰的。之后，各大牛仔品牌都开始设计自己独有的袋花。如今大部分的牛仔裤都有自己独特的袋花。后袋上的袋花设计是现在各家牛仔服品牌最主要的设计点之一（图5-13）。

最有代表性的是鹰袋花，是在1947年左右开始应用的，也叫美国鹰（图5-14）。

1947以前，Levi's的袋花是两条弧形平行线。根据年份的不同，弧度也不尽相同。比较特殊的是1942—1947年间的501牛仔裤，俗称"二战版"，后袋的袋花不是车缝上去的，而是印上去的，当时是为了节省物料而采用的方法。图5-15是出现在街头的最多的Levi's袋花，简洁对称，非常经典。

Lee，1944在牛仔裤上加入著名的S形袋花，它代表一个海浪，给人很柔和的感觉（图5-16）。另外Lee选择把他们的品牌标志放在了口袋上方，是非常智慧的设计。

图5-12 应用在牛仔裤不同部位的撞钉

图5-13 不同品牌牛仔裤的袋花设计

图5-14 美国鹰袋花

Wrangle 1984 年设计了 W 袋花，它的袋花跟他们生产的裤子给人的感觉一样，是一个很硬朗的 W（图 5-17）。而最常见的双海鸥和双蝙蝠袋花是 Levi's 发明的。

Diesel 是意大利的牛仔品牌，它的袋花设计如图 5-18。

G-Star 是荷兰的牛仔裤品牌，它的袋花是一个靠外侧的小弧型（图 5-19）。

Dior homme 的袋花，两道横线像刀痕一样划过两个口袋的外侧图（5-20）。

Armani jeans 的袋花，是一个简洁对称的袋花设计。Armani jeans 给人一种男性的锋利与硬朗的感觉，袋花设计同样给人的这样感觉（图 5-21）。

Ralph Lauren 的袋花设计，从几何角度来说真是完美（图 5-22）。

Nudies 品牌的袋花呈流动弧线型（图 5-23）。

Iron heart 品牌左右不同图案袋花应用在他的重磅牛仔裤上（图 5-24）。

Sugar cane 的袋花设计，占满全部口袋的大手笔的走线，这颗星星还是可以为消费者接受的（图 5-25）。

True religion 的袋花设计（图 5-26）。

二、牛仔裤的赤耳

1983 年以前，501 牛仔裤都是用原始的手工织布机织出的门幅较窄的牛仔布缝制的。这种布没经过预缩处理，落水之后会缩小 1~2 个码。这也是 501 牛仔裤越洗越合身的来源。这种布一般会带有红线布边，叫做赤耳（图 5-27）。当然也有少数较早的年份用的是白线布边、蓝线布边。翻开裤脚，查看用什么样的布边，也是区分复制牛仔裤的重要条件。

三、牛仔裤的红旗标

红旗标是 1936 年开始出现在牛仔裤上的，以后逐渐成为了牛仔裤的一个非常重要

图5-15 两条平行弧线的Levi's袋花设计　图5-16 Lee在1944年设计的波浪形袋花

图5-17 双海鸥袋花设计　　　　图5-18 Diesel的袋花设计

图5-19 靠外侧小弧形的袋花设计　　图5-20 刀痕形的袋花设计

图5-21 简洁对称的袋花设计　　　图5-22 几何曲线的袋花设计

图5-23 流动弧线的袋花设计

图5-24 左右不同图案的袋花设计

图5-25 占满全口袋的走线的袋花设计

的标志。棱角分明与做工精致的红标，非常值得推敲与揣摩的。我们常见的 Red Tab，这个 Tab 就是标签的意思，Red Tab 意为红旗标，同理，Silver Tab 就是银旗标，Orange Tab 就是橙标。红旗标是复制牛仔裤的重要元素，20 世纪 60 年代末 70 年代初，Levi's 的红旗标上大写的 E 开始变成小写的 e。Levi's 红旗标上下锁边，最近几年生产的是字体为反光银线，并且红色部分非常致密，红旗标的针脚很明显。小字体红旗标，在国内与韩国上市款中运用得最为广泛，特点是上下锁边，反光银线，字体偏小，并且针线有突出感，缝进衣服的内侧缝有代码（图5-28）。

图5-26 重复描边轮廓的袋花图案设计

图5-27 牛仔裤上红线布边——赤耳

图 5-29 是日本市场上销售的牛仔服红旗标，也就是大家常说的日单。日单红旗标有两种，一种和国内红旗标相比针线要更平整，而且字体基本不怎么突起，这种是比较常见的。还有一种是 2007 年左右出现的一种红旗标，字体为瘦长型，目前正广泛使用。

图5-28 Levi's的红旗标1

图5-29 Levi's的红旗标2

图5-30 Levi's的红旗标3

Levi's 没有统一标准，红旗标不仅用于服装，他们也可能在包、手机链或者其他的产品上出现。红旗标中的 R 标是限量版（图 5-30），是工厂里为了计数所使用的，3000 条里出一条 R 标（也有 1000 条一说），可谓弥足珍贵了，而第一张银标的 R 标，就更加稀少了。

课后练习	1. 在市场上收集不低于5种知名牛仔服品牌的袋花设计、皮标、赤耳以及红旗标图样。
	2. 尝试为自主品牌的牛仔服设计袋花、皮标图样。

第六章

牛仔服的构成设计

平面构成和立体构成是艺术创的基础手法，牛仔服创意设计时通常都会应用到它们。牛仔服辅料构成、线迹构成、褶构成、图案构成、拼接构成以及位置构成本质上都包含在这两种构成中。

第一节　牛仔服辅料设计

辅料不"辅"，而且往往起到画龙点睛的作用，这种现象在牛仔服设计中的确是屡见不鲜了。"辅料设计"是一个在现代服装设计和生产领域中广泛应用的术语，其内涵越来越被业内人士所重视。从辅料的基本功能以及其在服装中的应用部位来分，服装辅料一般分为七大类：服装里料、服装絮料、服装衬料、线带类材料、紧扣材料、装饰材料和其他材料。

一、拉链

牛仔服拉链设计中，首先考虑对门襟的闭合功能，同时再配合其他部位的拉链运用，加强装饰效果。如大量的银色拉链应用于门襟处、结构线处以及分割处，使整款服装成为可拆卸的零部件，这种反传统的拉链应用方式，使服装呈现出强烈的不羁与反叛意识。再比如门襟使用了双开尾拉链，前片、袋口采用双闭尾拉链，多条银色的拉链线成为牛仔服装上的亮点。有时还可以突破晚装忌用金属拉链的传统设计方法，把金属拉链与典雅和雍容华贵结合在一起（图6-1）。

在有些牛仔服设计中，拉链作为闭合材料的闭合功能已退化，仅纯粹作为装饰效果而应用。如用区别于面料色彩和材质的拉链做装饰，丰富服装的表面肌理效果；有些部位拉链的闭合作用并不为服装穿脱服务，而是通过拉链的闭合程度改变服装的款式结构，呈现一种新形态，或以拉链开合口作为身体暴露的尺度，或以拉链的展开来展示隐藏的设计点（图6-2）。

Sebastian Errazuriz 设计的百变拉链裙，镶有 120 条

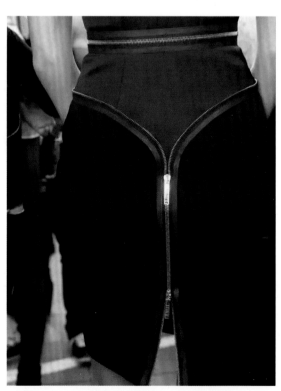

图6-1 利用闭合功能设计的具有装饰效果的拉链

图6-2 以拉链来凸显新颖的结构设计　　　　　图6-3 拉链齿为装饰的设计

拉链，每个部分都可以拆卸，可以随心所欲变化造型，目的是让每一件衣服都发挥出最大的装饰潜能。正如他自己所说："这条拉链裙可变成晚宴长裙、T恤甚至腰带。"Versace产品设计师利用拉链的硬度巧妙地设计立体心形装饰。华裔设计师Phillip Lin的作品中，在柔美的褶裥花边上滚上了一圈拉链，拉链的弧度成为褶裙花边的骨架，硬挺而有质感，为女性化的裙装增添了一抹新意，同样设计手法还可以把拉链齿链作为挂饰，甚至以拉链作图案装饰（图6-3）。

二、钮扣

在9—13世纪，最初的钮扣是用来做装饰品的，而系合衣服用的是饰针。13世纪起，钮扣的作用才与今天相同。那时，人们已懂得在衣服上开扣眼，这种做法大大提高了钮扣的实用价值。16世纪，钮扣得到了普及。随着快时尚的兴起，钮扣从以前的功能已经变成现在的实用与装饰并存。

钮扣的种类繁多，分类方法也很多，按结构可分为有眼钮扣、有脚钮扣等。按材料分有不锈钢、铜、电化铝等金属钮扣，胶木（酚醛）、电玉（脲醛）、苯塑（聚苯乙烯）、珠光有机玻璃（聚甲基丙烯酸甲酯）、尼龙（聚酰胺）、聚酯、环氧树脂、人造骨等塑料钮扣，此外还有以水晶、贝壳、竹木、骨角、皮革、玻璃为材料制成的钮扣，以及与面料匹配、用手工制作的包布扣、盘花编结钮扣等。钮扣一般带孔眼，有明、暗眼之别，也有无眼上下按合的四件敲扣、子母扣等。

天然材料钮扣是以自然界的天然材料制成的钮扣，这一类是最古老的钮扣，也是对人体无副作用的绿色钮扣。目前，在钮扣市场上常见的天然材料钮扣有贝壳钮扣、木材钮扣、毛竹钮扣、椰子壳钮扣、坚果钮扣、石头钮扣、陶瓷钮扣、宝石钮扣、布钮扣、骨钮扣、角钮扣、密蜡钮扣、皮钮扣等。这些钮扣都有各自的特点，人们之所以喜爱这类钮扣的主要原因是它取材于大自然，与人们的生活比较贴近，这在一定程度上迎合了现代人回归大自然的心理要求，满足了部分人追求自然的审美观。

在现代牛仔服设计中，利用天然材料钮扣装饰牛仔服，给人以质朴之感，而利用金属钮扣装饰牛仔服则强化牛仔服的朋克风格和桀骜不驯的性格（图6-4）。

牛仔服钮扣装饰效果有以下几种：

1. 丰富钮扣色彩

改变传统的钮扣单一色彩的设计常规，在一个款式中采用多种钮扣色彩设计，如在暗色调、淡色调的服装上运用多个高纯度的鲜艳钮扣色设计。图6-5设计作品以多彩钮扣为设计点，钮扣色与刺绣色呼应。不同色彩钮扣排列展现了装饰边缘的流线型，给单色的服装增添了丰富与动感。

2. 使服装产生对比效果

通过改变钮扣形状、大小，使服装呈现鲜明的对比，也是近年来服装设计师所采用的方式。如图6-6所示在袖子上点缀各色大小不等的扣子，并在色彩上形成由深到浅渐变效果，与外套面料的肌理形成呼应，产生丰富多彩的视觉效果。

用不同色彩、不同大小的钮扣以散点式排列方式点缀于牛仔西服外套上，使牛仔外套多了柔美和优雅气质（图6-7）。

图6-4 金属钮扣装饰下的朋克风设计

图6-5 多彩钮扣设计

图6-6 利用钮扣大小、形态和颜色形成图案效果

图6-7 散点式排列的钮扣在牛仔服设计中的运用

图6-8 有规律的钮扣排列设计

图6-9 较随意的钮扣排列设计

3. 钮扣的组合排列

对钮扣进行组合排列设计也是设计师常用的手法。各种运用部位和排列方式，进行着有规律或无规律的排列（图6-8、图6-9）。

三、金属部件

牛仔服从它诞生起就似乎和金属部件有不解的缘分，最初的撞钉、后来的金属钮扣，以及现在各种金属挂件等，这些金属部件的装饰，无疑让牛仔服朋克风的表达自然而成。

1. 铆钉

铆钉的种类从截面形状上分，常见有圆形、方形和三角形；从立体形状上分，常见有圆柱形、圆锥形、半球形和金字塔形；从颜色上分，常见有金色、银色、乌金色和黑色（图6-10~图6-12）。

图6-10 金色铆钉装饰的牛仔服

图6-11 银色铆钉装饰的牛仔服

图6-12 银色铆钉装饰的牛仔服

2. 别针

别针，又称曲别针、回形针、安全别针。它发明源于19世纪中叶，由挪威数学家约翰·瓦勒发明。第二次世界大战期间，德国占领军禁止挪威人使用带挪威国王姓名首写字母的钮扣，为了强调对民族传统的忠实，他们在衣服上别上了曲别针（图6-13）。

3. 金属链条

金属链条则因其造型的丰富、材质的精致，在时装设计中获得了更多的青睐。在牛仔服的装饰设计中它可以平面固定来装饰边缘，也可以吊挂产生动感（图6-14、图6-15）。

四、绳带

绳带与人类的活动密不可分，结绳记事是人类最早使用的一种记事方法。同时绳带与服装的诞生和发展形影相随，不同时期、不同民族、不同区域的服装上都可发现各种绳带的身影，或是用来连接衣片，或是用来装饰点缀，或是用来强调标识。随着时代的进步和科技的发展，伴随着新的工艺和表现手段的拓宽，人们生活方式的转变和服装的多元化趋势，绳带越来越频繁地出现在不同风格的服装中，成为众多服装设计师们喜爱的设计元素。

传统的设计应用中，绳带作为闭合材料在服装中起到紧固、闭合的作用，经常与扣件、气眼等配合使用。如今，绳带的装饰性功能被充分发挥，绳带通过连接、穿插、拧结、盘绕、提拉、点缀等手段，使服装的造型与结构千变万化，产生各种迥异的样式与风格。

图6-13 别针装饰的牛仔服　　　　图6-14 金属链条装饰的牛仔服设计

图6-15 金属流苏装饰的牛仔服设计

1. 连接

以绳带连接衣片，使之呈现通透效果，丰富了服装结构和服装表面肌理（图 6-16）。一般配合气眼，绳带或与服装同色，或与服装异色。

2. 缩紧

把省道设计在省道位置或者下摆收口处，使绳带起到调节、缩紧服装局部尺寸的作用（图 6-17）

3. 编结

编结是将绳带通过编织或编结等手段，组成新的面料或直接构成服装的再造。编结能够非常轻松地创造特殊形式的质感和极有特色的局部细节，由于绳带材料不同，采用编结的形式不同，因而在服装表面形成的纹理存在疏密、宽窄、凹凸、连续、规则与不规则等各种图案变化（图 6-18、图 6-19）。

4. 以线成面

此类绳带以密集的形式，通过线的平铺形成面的感觉，并因运动而呈现通透感（图 6-20）。

5. 盘饰

由盘绣得名，相比盘绣，选择更为粗犷的绳带，以绳带的肌理为主要表现，或盘或叠，呈现较强的肌理感和视觉冲击力（图 6-21）。

6. 流苏

流苏是下垂丝线等制成的穗子，是一种中国古典装饰。近年来已作为服饰的设计手法之一，广泛应用于牛仔服服设计之中（图 6-22~ 图24）。

图6-16 绳带连接丰富了服装表面肌理

图6-17 绳带调节、缩紧服装局部

图6-18 绳带编结构成肌理的牛仔服设计

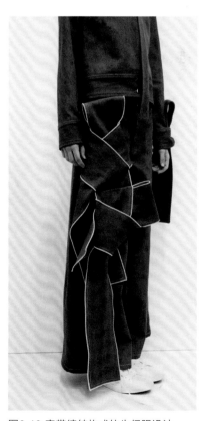

图6-19 宽带编结构成的牛仔服设计

图6-20 以线成面的绳带构成 　　　　　图6-21 粗犷的绳带盘饰构成设计 　　　　　图6-22 流苏的运用1

第二节　牛仔服线迹构成

　　服装的成形工艺，主要是以缝线缝合衣片的方式来完成的，只有合理的服装工艺，才能完整地体现设计意图，并通过对工艺的设计，实现设计点的转移和传统设计思路的突破。不同的缝线在衣片上形成各种线迹，产生了不同的功能和效果。牛仔服设计时对缝制工艺中的线迹设计，不仅可以使服装造型稳固，而且能起到装饰和丰富服装表面肌理的作用。采用的缝线、缝型与线迹，在丰富装饰、控制服装的保型性、提高成衣档次、提升产品附加值等方面起着重要的作用（图 6-25）。缝线的质量直接关系服装的外观与品质，缝线的原

图6-23 流苏的运用2 　　　　　　　　　图6-24 流苏的运用3

料、色泽、特性与衣料相配伍可以提高服装外观质量，并起到装饰效果（图 6-26）。现代成衣设计中，线迹的功能性和装饰性被进一步加强，线迹设计在成衣中的的应用在以下几个方面进行了突破：

一、配色

　　配深不配浅，是传统的面料与缝线的配色法则，但是在时尚界已经没有常规可言的今天，不同面料的拼接与不同色线的配置已越来越频繁，在服装业内被称为撞料与撞色线。撞色线就是在一款服装上出现两种或两种以上

颜色的面料或缝线的组合。除了蓝色牛仔面料撞黄色牛仔线的经典搭配，牛仔类、休闲类的撞色线开始多元化，一款衣服的线色不再局限于一种，可以多色搭配，撞出更明亮的线色，如翠绿、桃红、玫红、白色等，使服装更生动。同时多色线搭配更趋于主流，不仅有深色线配浅色面料，更有浅色线在深色面料上应用而产生的强烈效果，而且可以采用丝光亮线作为面线，甚至可以使用加粗的丝光线，使对比的效果更为明显（图6-27）。

二、手工装饰线的运用

除了机械化仿手工线迹外，纯手工装饰线在牛仔服装饰设计的运用也日益广泛。装饰线的材料也由以前的金银线、真丝装饰线、人造丝装饰线发展为各类材料，如许多经过特殊处理的、有特殊肌理效果的棉线、麻线、羊毛线、皮绳、合成线等（图6-28、图6-29）。

第三节　褶的构成

褶饰，是对面料进行加工处理，使面料产生各种形式的褶纹的面装饰方式。褶在服装造型艺术中占有重要的位置，在现代服装设计中被广泛应用。褶皱可以改变原先平淡的肌理，增加服装的层次感和空间感，同时也起到重新塑造人体的作用（图6-30）。

面料进行有序或随意自然的揉捏、叠加或堆砌处理，可以使之产生更强的韵律感和动感（图6-31）。面料褶饰的形成是由于外力作用的结果，面料的受力方式、方向、位置、大小等因素的不同，导致产生的褶饰也具有不同的状态。

各种不同的褶皱为人们带来丰富的视觉元素，使原本平面的衣服顿时显得立体而跳跃。自然褶具有随意性、多变性、丰富性和活泼性的特点（图6-32），规律褶则表现出有秩序的动感特征（图6-33）。自然褶是外向而华丽的；规律褶是内向而庄重的。褶饰既可设计于服装的局部，也可布满全身，不但使服饰合身舒服，更能给穿衣人足够的活动空间。

图6-25 线迹在牛仔服设计上的运用

图6-26 强调轮廓与细节设计的线迹设计

图6-27深浅不同的撞色线迹设计

图6-28 手工饰线凸显工艺的透视感

图6-29 手工线迹产生的特殊肌理

图6-30 增加服装层次感和空间感的褶饰

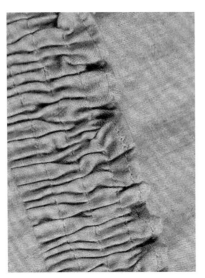

图6-31 富有韵律感的褶饰

图6-32 随性活泼的褶皱设计

图6-33 有规律的褶的动感设计

第四节 牛仔服图案构成

一、印花图案

将美丽的图案印染在牛仔服装上，是牛仔服装的一个重要设计手法，图案的素材十分广泛（图 6-34～图 6-42）。牛仔服印花图案的选择直接体现牛仔服设计风格，比如民族风格的图案体现牛仔服复古质朴的风格，印染花卉图案体现牛仔服自然清新的面貌，朋克风格的图案具有前卫的艺术气息，几何素材图案单纯理性。

图6-34 巴洛克题材图案

图6-35 图腾题材图案1

图6-36 图腾题材图案2

图6-37 花卉素材图案

拔印是在已染色的牛仔面料上印上可消去"地色"的色浆而产生白色或彩色花纹（图6-38），色彩对比强烈、轮廓清晰，其在牛仔服的印花装饰设计中也常常应用。

图6-38 拔印图案

图6-39 幽默感的数码印花图案

图6-39 涂鸦图案1

图6-40 涂鸦图案2

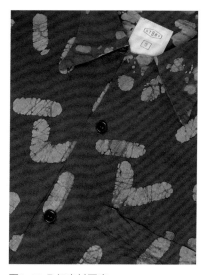

图6-42 几何素材图案

二、刺绣图案

彩绣图案，泛指以各种彩色丝线缝制图案的刺绣技艺，具有色彩鲜明的特点，彩绣通过多种彩色丝线的重叠、并置、交错产生丰富的色彩变化（图 6-43）。

贴布绣图案，是指将贴花布按图案要求剪好，贴在面上，也可在贴花布与面之间衬垫棉花等物，使图案隆起而有立体感，贴好后，再用各种针法锁边。贴布法简单，图案以块面为主，风格别致大方（图 6-44）。

刺绣工艺在现代牛仔服装设计中的应用，关注的重点不仅在工艺技法的表达，而且还在于刺绣图案的设计（图 6-45、图 6-46）。

图6-43　刺绣图案在牛仔服设计中的运用

图6-44 贴布绣在牛仔服设计中的运用

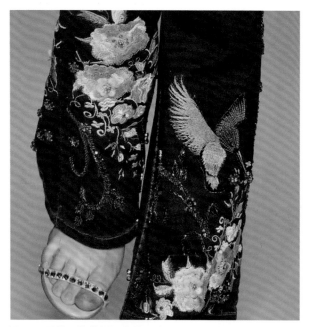

图6-45 民族风格的刺绣纹样设计

图6-46 POP艺术风格的刺绣纹样设计

第五节　牛仔服的拼接和位置构成

一、拼接构成

在服装设计过程中，为获得独特艺术效果，常常运用同类面料或者不同类面料、辅料等，根据设计意图剪裁成所需的形状进行拼接，包括 GLICCI、Levi's 等知名品埤，都曾运用拼接手法把原本平常的牛仔服装变成时尚度很高的流行服饰。

图 6-47 所示以不同深浅的牛仔面料直拼，或斜拼，或以补丁状拼，或以结构线相拼。

将不同色面料，以及不同肌理图案面料进行多处拼接，可产生丰富多彩的民俗风格（图6-48）。

不同几何块面的深浅不同的拼接，形成一种大气的几何图案构成（图6-49）。

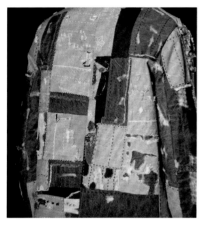

图6-47 拼接设计的牛仔服

图6-48 富于民族风的拼接设计

图6-49 大块的几何拼接

除了不同色系的牛仔面料拼贴之外，不同材质搭配，如羊毛、皮革、灯芯绒、厚针织、雪纺、花边、丝绒等不同材质的拼贴，呈现华丽复古的流行轮廓，也是常见的手法。牛仔面料与花布、色织布、皮革、蕾丝花边、纱质面料相拼接，都是拼接设计常用的手法。随着牛仔服设计怀旧主题的流行，拼接元素也在设计师的手下异彩纷呈，比如拼接成怀旧破烂的花卉图案，把创造的各种破损的牛仔布块拼接一处，极力产生乞丐装的外观，越破旧越时髦（图6-50）。

各种拼接手法的运用，或细腻或优美（图6-51、图6-52），在设计师天马行空的创意下，牛仔服拼接装饰设计显得十分耐人寻味。

图6-50 破旧感的拼接1

图6-51 破旧感的拼接2

图6-52 细腻优美的拼接设计

二、位置构成

定位，在装饰设计领域内是一种设计的方法。它主要是确定特定的装饰物所在部位，从而引导人的视线，制造整件衣服设计的视觉中心点，给观赏者留下鲜明深刻的印象。定位装饰，通常设计在人体的关键部位，比如领口、肩部、胸部、腰部、背部等（图6-53~图6-56）。

图6-53 强调男性宽肩的定位装饰

图6-54 强调袖子设计的定位装饰

图6-55 强调背部设计的定位装饰

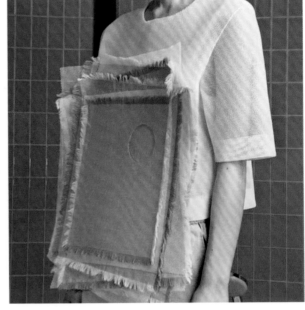

图6-56 强调胸部的定位装饰

课后作业

综合运用本章所学习的牛仔服构成设计方法，对现有的牛仔服进行装饰设计，完成的作品进行展示互评。

第七章

牛仔服廓型设计

第一节 服装廓型概述

　　廓型设计是服装造型设计的不可缺少的一部分，若想创作出令人眼前一亮的廓型，就要研究服装廓型变化的历史、控制廓型变化的部位，以及从流行信息中捕捉廓型设计的微妙变化。作为牛仔服设计的初学者或者是从业者，要掌握廓型设计的规律。

一、服装廓型的涵义

　　服装外轮廓，原意指影像、剪影、侧影、轮廓，在服装设计上引申为外形、外廓线、大形、廓型等意思。服装外轮廓是一种单一的色彩形态，人眼在没有看清款式细节以前首先感觉到的是外轮廓。服装廓型是构成服装造型的基本条件，它就像绘画时画面所表现出来的大效果一样，是在人们还没看清楚细节以前，首先感觉到的外轮廓造型。服装廓型设计不仅能够很好地诠释设计主题，同时，服装廓型在经过长期的演变之后，有了更多不同的类别，丰富的廓型还能够传达出服装的样式，以及作品的情感（图7-1）。

二、牛仔服廓型设计的视点

1. 风格

　　现代服装更强调其审美功能，造型设计的背后隐藏着风格倾向，设计者通过把握服装的廓型，以此来反映服装的风格内涵（图7-2）。

2. 体积

　　包括尺寸的松紧程度和材料的软硬厚薄等因素（图7-3）。体积是由材料的堆积程度而确定的。

图7-1 牛仔服廓型设计

图7-2 风格化的廓型设计　　　　　图7-3 廓型的体积感

3. 体型

廓型设计时要确定所设计的服装是由具有何种体型的穿着者所穿用，对人体体型进行美化，是牛仔服廓型设计任务之一（图 7-4）。

4. 对比

牛仔服的廓型设计能够确定服装的对比效果，比如上身与下身形状对比（图 7-5）。

图7-4 廓型与体型　　　　　　　图7-5 廓型产生上下身对比

图7-6 肩部廓型设计

三、廓型变化的主要部位

廓型变化的主要部位是肩、腰、臀和底摆。服装廓型的变化也主要是对这几个部位的强调或掩盖，因其强调或掩盖的程度不同，形成了各种不同的廓型。

1. 肩部

肩线的位置、肩的宽度、形状的变化会对服装的造型产生影响，如袒肩与耸肩的变化（图 7-6）。

2. 腰部

腰部是影响服装廓型变化的重要部位，腰线高低位置的变化，形成高腰式、正腰腰线式、低腰式，腰的松紧度是轮廓变化的关键形式，如束腰型和松腰型（图 7-7）。

图7-7 腰部廓型设计

3. 下摆线

下底摆线是服装外轮廓型变化的敏感部位，其形状变化丰富，是服装流行的标志之一。通常的变化手法是长短变化、形态变化。图 7-8 所示为牛仔裙下摆廓型的形态变化。

可以看出，服装的廓型是最先反映主题的元素，廓型设计在服装设计当中是尤为重要的，它不仅可以诠释服装的主题，同时还可以反映一个时代的流行趋势、历史面貌。廓型还决定着设计师如何选择服装材料以及制作工艺。

图7-8 底摆廓型设计

四、 廓型与款式变化

服装廓型所反映的往往是服装总体形象的基本特征，像是从远处所看到的服装形象效果。款式是服装构成的具体组合形式，是服装的细节。在服装构成中，廓型的数量是有限的，而款式的数量是无限的。也就是说，同样一个廓型，可以用无数种款式去充实。服装的款式变化，有时也并不是仅限于二维空间的思考，也要考虑层次、厚度、转折以及与造型之间的关系等（图7-9）。

五、廓型与服装流行

关注和研究服装廓型，意义在于通过廓型把握服装造型的基本特征，从而在千变万化的服装大潮中，抓住服装流行趋势的主流和走向。服装造型体现的是服装的共性，而服装款式则是服装个性的表现。从服装流行的整个过程来看，流行带有很强的人工雕琢的痕迹。在服装流行的过程中，设计师应该是主动地去分析和研究廓型的流行趋势。把握廓型流行，应注意以下几点：

1. 关键部位的长短、宽窄、大小变化

图 7-10 所示松松垮垮的肩部以及不平衡上衣下摆的牛仔服廓型设计，表现出一种玩世不恭和洒脱随性。

图7-9 廓型产生的层次、转折与造型

图7-10 局部长短、宽窄、大小变化引起廓型变化

2. 牛仔单品的出现频率

某种款式的单品服装是否反复出现在街头、流行趋势媒体上、卖场中（图7-11）。

图7-11 大廓型单品出现在媒体

3．新的廓型的闪现

在某种廓型流行鼎盛时期，已经悄然出现的新廓型（图7-12）。

第二节　牛仔服廓型设计的构思方法

在了解并掌握廓型设计的原理之后，如何进行廓型设计，以及如何创作出新颖的具有美感的廓型，就需要在正确的方法指导下进行。所以给大家提供几何造型法、原型移位法和直接造型法进行设计练习和创新，重点讲述几何法进行廓型设计，因为这种方法创作的廓型自由奔放，有极强的随机性。

图7-12 不对称下摆反复出现在秀场

一、原型移位法

原型移位法，就是以人体为依据进行空间立体造型，例如一件现有的衣服廓型，在各个廓型关键控制点上进行扩大、缩小，拉长、缩短，变宽、缩小的变化，从而形成新的廓型（图7-13）。

图7-13 原型移位法的廓型设计

二、几何造型法

几何造型法，就是用简单的几何模块进行组合变化从而形成的服装廓型。做法是用各色卡纸做形形色色简单的几何形：圆、三角形、梯形等，在与之比例相当的人体上移位。

几何元素在廓型设计中的应用手法：

1．相接法

将两个廓型边缘相接但不交叉，就会产生一个两形相互连接的组合形。在相接的方式中，相接的两个造型元素处于同一空间平面，形与形各自独立互不渗透，相接的部分只起连接作用，所以新外形仍保留了造型元素原有的形态（图7-14）。

2．结合法

结合法是指将两个不同或相同的形部分重合，但两形在重合时不产生透叠效果，于是两个形除去重叠部分的其他部分相联合就会产生新的形。在结合法中，两形互相渗透、互相影响，任何一形都将损失部分轮廓。在服装廓型设计中这也是一个经常用的方法（图7-15）。

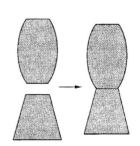

图7-14 相接法廓型设计

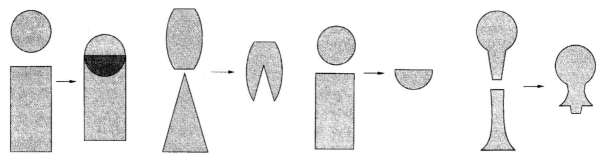

图7-15 结合法廓型设计　　　图7-16 减缺法廓型设计　　　图7-17 差叠法廓型设计　　　图7-18 重合法廓型设计

3．减缺法

　　减缺是两个不同的服装廓型相互重叠时，将其中某些部分去掉从而产生一个新的廓型。减缺是一个与结合法相反的手法，结合法是保留两形重叠后投影效果的大轮廓。而减缺是故意让一个廓型从另一个廓型上"吃掉"一部分，保留其中一个廓型的剩余部分（图7-16）。

　　差叠法也是像结合法一样把两个相同或不同的形相互重合，所不同的是两个相互重叠的形互不掩盖而有透明之感，并且在取形时与结合法相反，取其交叉部分形成的形，而把其余的形全部去掉（图7-17）。

4．重合法

　　重合是将两种服装廓型移近，使其中一个形覆盖在另一个形之上，彼此重合为一体，产生上或下、前或后的空间关系，然后来确定新的廓型（图7-18）。

　　我们通过原型移位法和几何造型法所得到的轮廓只是几何轮廓，在实际的牛仔服廓型设计中，多数情况下服装呈现的不是规规矩矩的某种几何形，而是依靠牛仔布本身的特性塑造出各种各样的复杂的形态。在做完几何造型以后关键的一点就是要转化为服装款式设计的形态（图7-19）。

　　我们还要借助工艺手法，比如抽褶、支撑物、填充辅料、结构变化等手法来实现我们想呈现的廓型效果。这就要求我们实际动手不断探索实现廓型设计的方法和材质。

服工172班杨繁作品

图7-19 几何造型法所构成的牛仔服廓型设计

> ### 课后作业
> 　　根据本章的知识点进行廓型设计练习和细节设计练习。

第八章

牛仔服分类设计

第一节　牛仔裤设计

　　20 世纪 60 年代后期，伊夫·圣·洛朗在巴黎时装发布会上发表的喇叭裤开始流行（图 8-1），从此，裤子不单单作为便装，几乎在所有的领域都被广泛应用。另外，美国人在劳动中穿着的牛仔裤也在年轻人中间广泛流行起来，从此，不分男女牛仔裤成为这一年龄层的固定穿着。在追求轻便化、功能性的现代服装中，裤子作为重要的一员具有无可取代的位置。

一、牛仔裤的廓型设计

　　牛仔裤廓型设计也就是牛仔裤板型设计。影响牛仔裤廓型的因素有裤子的长短、裤腰的高低、裤脚的宽窄以及臀部的贴体与宽松等。

　　从裤子的长短上来设计，有超短牛仔裤，或称作牛仔热裤（图 8-2）；牛仔短裤，也就是半长裤的总称，在运动装、休闲装、夏季日常装中被广泛应用。

　　另外还有一些经典裤子廓型，比如灯笼裤，图 8-3 所示是 Miss sixty 的灯笼裤。灯笼裤是以 19 世纪后期女性解放运动先驱者布鲁姆夫人的名字命名，灯笼裤的廓型特点是裤身宽松，裤长至膝盖以下，裤口收紧，最早是妇女骑自行车时穿用的，现在的灯笼裤型与当初的形式相比已经有所变化，廓型设计的变化集中在裤身宽松度、裤长的设定以及裤口收紧的方式。

　　另外一种经典的短裤廓型就是百慕大短裤（图 8-4），是裤长到膝盖上方的短裤，以格子、鲜艳色彩居多，因早期在美国避暑胜地百慕大男性避暑时穿用，

图8-1 牛仔喇叭裤

图8-3 牛仔灯笼裤

图8-2 牛仔热裤

图8-4 百慕大短裤　　　　图8-5 海盗裤　　　　图8-6 马裤　　　　图8-7 阔腿裤

由此而得名，这种裤型因其明显的运动功能而被牛仔裤设计中应用。

　　海盗裤（图 8-5），受海盗穿着的启发，裤子的廓型主要是裤包紧两腿，裤长在小腿部分，能够搭配靴子，和马裤的廓型有相似的地方。

　　马裤（图 8-6），是骑马时穿着的一种裤子，腰部侧面捏有大量的褶，膝盖以下放入马靴的部分紧包小腿。马裤的臀部设计比海盗裤稍宽松。不过，在时尚的引领下，这两种颇有特色的裤子廓型设计在牛仔裤设计应用中已经有了很大变化，而且很难分辨两者的差异。

　　牧人裤（图 8-7），是来自南美牧童的独特服装，裤口宽松，裤长至腿肚。这种廓型裤子，在牛仔裤设计中经常看到，通常有七分裤长、八分裤或是九分裤长，也就是现今的阔腿裤。

　　扎脚口长裤（图 8-8），此种裤型肥大，脚口处抽细褶。扎脚口长裤大约从 1910 年开始流行，20 世纪 60 年代后期，在欧美作为家庭装出现，直到今天也作为休闲装、睡衣设计上采用。

　　直筒裤（图 8-9），是一种具有城市感的长而垂直的裤子，常作为基本裤型。

　　连身裤（图 8-10），是最早出现于美国空军的装束，因此多少带点硬朗的中性气质，而巧手的设计师们从廓型、面料、装饰等细节变化上入手，让颇具中性气质的裤装变得妩媚而性感，连身裤在近几年的牛仔服款式设计中常常看到。

　　工装裤（图 8-11），曾经是一百多年前的流行物，是一种宽松而有很多裤子口袋的款式，有腰部上下都能保护人体的连衣工装裤。工装裤本来是男装，时装化后却更受女孩子的喜爱，工装裤是休闲的、青春的、男孩子气的。世界上第一条工装裤，当时被工人们叫"Levi's 工装裤"，如今这种工装裤已经成了一种世界性服装——Levi's 牛仔服。

图8-8 扎口长裤　　　　图8-9 直筒裤　　　　图8-10 连身裤　　　　图8-11 工装裤

图8-12 牛仔裤的腰部设计　　　　图8-13 牛仔裤的裤脚设计

二、牛仔裤的局部设计

1. 牛仔裤的腰头设计

腰部的高低位置变化、腰的松紧变化、腰部细节变化、腰部的附加变化等都是牛仔裤腰部设计的手法（图8-12）。

2. 裤脚设计

牛仔裤裤脚设计经常成为时尚的关注点，毛边、散口、开衩、不规则破损、磨破等设计手法都可以看到。图8-13 不锁边的裤脚，细散的毛边披散在裤脚周围，长短和数量的不同使风格多样化，这种脱线毛边长度更长且呈不对称状的牛仔裤裤脚，无疑会令穿着者显得潇洒不羁、个性十足。在此基础上衍生出的流苏裤脚，与鞋子相互交错，充满了复古的美感。

第二节　牛仔上衣设计

一、牛仔上衣的设计类别

现代牛仔上衣除了穿着范围愈来愈广外，款式也涵盖了从日常便服到正式场合穿的礼服等多种样式。对于牛仔上衣着装来说，根据穿着场合的不同，已经设计出了功能合理并能张扬个性的各种外衣，消费者可通过穿着各类牛仔服上衣体验日常着装的乐趣。牛仔上衣包括衬衫（图8-14）、背心（图8-15）、夹克（图8-16）、外套（图8-17）等。

图8-14 牛仔衬衣设计　　　　　　　　　　　　图8-15 牛仔背心设计

图8-16 牛仔夹克设计　　　　　　　　　图8-17 牛仔外套设计

图8-18 牛仔上衣袖子设计

二、牛仔上衣部件设计

1. 牛仔上衣袖子设计（图8-18）

2. 牛仔上衣细节设计（图8-19）

三、设定主题的牛仔上衣设计

牛仔上衣，作为牛仔服单品之一，它的设计方法除了可以按照前面牛仔裤的设计方式，从廓型到细节，再到装饰设计这样的思维路线去设计，还可以特定主题为线索来进行设计。下面以"假小子"为主题，牛仔上衣类别为机车夹克为案例，来阐述这种设计思维方式。

1. 首先确定设计主题的表达元素

用趣味、抢眼的标语、徽章和补丁对这一主题的机车夹克进行诠释设计（图8-20）。

图8-19 牛仔上衣细节设计

图8-20 标语、徽章、补丁为元素的机车夹克设计

用背部标语设计或背部定位印花作为诠释主题的设计元素（图8-21）。

用抽象印花图案、定位条纹印花、手绘涂鸦和满地抽象民族风图案作为设计元素（图8-22）。

2. 确定款式变化

为了塑造假小子的形象，设计师从滑板风男友外形上获取灵感，夹克通常为方形长款，无袖设计或是袖长稍有不规则剪裁设计，所以确定短款、和服型衣袖和方形的廓型（图8-23）。

3. 细节设计

靛蓝提花织物装饰闪光亮片和刺绣；袖口和底边特意做磨损设计，另外满地装饰性磨损图案打造出二次元特色（图8-24）。

在限定的统一主题和统一类别的牛仔上衣设计的过程中，这种机车夹克最后呈现出来非常丰富的变化形态，满足不同消费者的审美需求。

第三节　牛仔裙的设计

裙子，是指女性以"围"的形式穿在下半身的服装，它是女性的主要下装之一。由于裙子的造型简单，且穿着舒适，是最能展现女性的柔美、韵味和风采的服装，因而深受女性的喜爱。裙子的款式变化丰富，根据不同的时间、场合和目的，有不同的设计，而且裙子的穿着范围非常广泛，几乎可以适合各种场合。而且在较正式的场合，女性穿裙子也是一种礼仪。牛仔服设计领域中，裙子的设计也是不容忽视的一大类。

图8-21背部标语、定位印花为设计元素

图8-22 抽象印花、定位条纹印花民族风图案的设计元素

图8-23 夹克的款式拓展设计

图8-24 新颖的细节构思

一、裙子的廓型设计

1. 裙子长短设计与变化

裙长，是指从人体自然腰节线往下至裙底边的长度，不同的裙长给人以各种不同的感觉（图8-25）。

基本裙长，裙长稍遮过膝盖，一般在腰节线下60cm左右（不包括腰头宽）。给人以典雅庄重的感觉，也是其他裙长的参考依据（图8-26）。

短裙，这是在膝盖上方10~20cm之间的裙长（图18-27），这也是应用最多的裙长。超短裙，这是裙长最短的一类造型。长度一般在腰节线往下的30~35cm，看起来前卫、时尚、活力和动感，这种裙长被广泛应用在各种运动型的裙子设计中，是夏秋季裙装中普遍采用的裙长。

长裙（图8-28），裙长在小腿的中部，俗称小腿肚的上下，是多用于秋冬季穿用的裙长。全长裙，一般只用于礼服性长裙的设计。

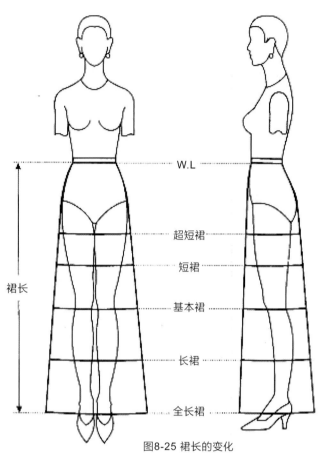

图8-25 裙长的变化

图8-26 典雅的基本裙长度　　图8-27 短裙　　图8-28 长裙

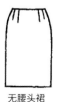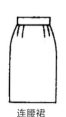

低腰裙　　无腰头裙　　基本裙　　连腰裙　　高腰裙　　连衣裙

图8-29 腰线高低变化的裙子

2. 裙腰的造型变化

以自然腰线为基础，进行腰线高低变化设计，如无腰头裙、低腰裙、宽腰头裙、高腰裙及连衣裙等（图8-29）。

3. 裙下摆的造型变化（图8-30）

二、裙装的装饰设计（8-31）

第四节　牛仔套装的设计

一、套装概述

　　现代套装始于19世纪中期的欧洲。当时欧洲的男装由富丽豪华变得轻便、简洁，外衣的长度缩短，敞露背心，下着长裤，逐渐形成了外衣、背心和裤子三件固定搭配的套装。第二次世界大战中出现不用背心的两件套装。20世纪初，职业妇女仿效男士的西装上衣，与同色同料裙子相配，形成套裙。现今套装的范围扩大，除了上下装搭配组成的套装以外，还有内外配套的套装，以及讲究整体组合的套装等，形式更加灵活多变。在女装中，套装却包括上衣与裤子组成的套装和上衣与裙子或连衣裙组成的裙套装两种类型。由于裙子与裤子具有不同的功用性，所以在一些职业性女套装中就常出现上衣、马甲、

图8-32 牛仔套装设计

图8-30 裙下摆的设计

图8-31 裙子的装饰设计

裙子和裤子的四件组合型套装。这样一组套装不仅能适应不同季节气候的变化，也丰富了一组套装的多种搭配组合形式（图8-32）。

　　套装式样变化主要在上衣，一般以上衣的款式命名或区分品种。套装一般应具备以下几个条件中的一项：①采用同色同料裁制。②虽非同色同料但造型格调一致，衣料色彩能上下呼应成一整体。如下装衣料颜色深于上衣，并用下装的衣料裁制上衣的口袋、领子等附件，或用上装衣料裁制下装附件等。③在装饰附件的使用或色彩的配合方面有完整构思，如镶色、嵌条、文字图案、钮扣、带襻等有机联系，相互协调，构成一体。但近年来也有用不是同色同料裁制的，但套装之间造型风格要求基本一致，配色协调，给人的印象是整齐、和谐、统一，在职业场所多选用这种穿着方式。

二、套装分类

1. 根据穿用场合进行分类（图8-33）

日常套装：指在日常生活和工作中穿用的套装，一般以西服式套装为主，是适合多种场合穿用的服装。

职业套装：多指白领（办公室工作者）职业套装，这类套装既有时尚感，又显得庄重得体。

上街套装：和一般的外出装不同，这是最具时尚感的套装。

休闲套装：这是指一些上衣与下装采用不同面料制作的比较随意的组合套装。

运动套装：这里是指一些夹克式的运动套装。

午后套装：这是指白天穿用的较为庄重的套装，传统的午后套装还包括帽子、手套、手袋和项链等服饰品。

晚会套装：参加晚会时穿用的套装。上衣可设计成半肩或无肩的造型，为传统晚礼服（连衣裙）的简装形式。

图8-33 不同穿着场合的牛仔套装设计

2. 按季节进行分类

夏季套装：这是以衬衣式套装为主的或采用夏装面料制作的套装（图8-34）。

图8-34 夏季牛仔套装

图8-35 春秋牛仔套装

图8- 36 冬季牛仔套装

　　春秋套装：这是以中等厚度的面料制作的适合于春秋季节穿着的套装，这类套装以装饰性为主，款式和面料变化丰富（图 8-35 ）。

　　冬季套装：这是指采用粗厚牛仔面料制作的以防寒为主的套装（图 8-36 ）。

课后作业

　　牛仔服自行选择三类设计，每类作品不少于 5 件。

第九章

牛仔服设计主题

第一节　主题在服装设计中的意义

　　主题是为品牌服装设计的主要媒介，已日益受到大众的广泛关注。主题元素的加入能让品牌服饰更加趋向流行。艺术家在创造主题之时，一定也同时注意了时代精神的表达，主题所表达的也一定是当下时代最优秀、最有价值、最有影响力的社会价值观。主题元素强烈的时代气息，让品牌服饰的设计更加趋于时代感和艺术感。

一、服装设计中的主题元素及确立

　　服装主题的构思与确立成为时装设计师们的首要工作，主题的构想与主题元素的巧妙搭配，可以将服装的使用价值及其衍生价值发挥到极致。

　　服装主题元素多种多样，十分广泛，不同民族或地域的民俗民风、复古元素——比如巴洛克风格、服装材料的环保等都可以成为主题元素。

　　服装主题的确立就是从众多元素中取一点，集中表现某一特征，这个过程一般是设计师们头脑风暴或者是灵感来源收集与捕捉之后确定下来的。主题确立后，围绕其进行进一步的相关系列工作：提出倾向性主题，明确设计理念，寻求灵感启发，确定设计要点，然后进行面料选择、色彩图案的搭配、服装配件的运用、整体效果的协调性调整等。

二、服装设计主题类型

　　主题的设定，重要的是视觉形象符号要明显，让不同的人看了主题以后都会有基本一致的理解，现如今，主题名称的字面意义小多了，更多地是把不同想法融合到一起产生令人耳目一新的感觉，尤其是以"生活方式"作为主体设计，越来越重要。主题名称也要相应地放在一个有感染力、有助于产生恰当氛围的人类活动背景中来考虑。以下主题类型可供读者参考：

　　倾向主题：叛逆风格，混合种族等；

　　概念性主题：朋克风格，航海精神等；

　　图案主题：佩斯利花纹，花卉等。

　　故事性主题：浪漫主义幻想、拟物等。

　　下面以故事性主题为例展开论述：

1.故事性主题

在现代服装设计中，故事性主题的服装设计，是表达思想与情感的重要途径。设计师通过服装的视觉元素和造型特点，向观者或穿着者讲述一个故事，意在传递其情感和设计思想，它属于服装情感设计的一种。

故事性主题作为一种特殊的服装展示形式具有以下特点：

①独特性和夸张性

故事性主题的服装设计不同于现实服装设计，它是表现设计思想的手段之一，它往往用故事塑造形象，反映社会生活。因其独特性，在故事塑造时往往加以夸张，凡是能体现故事主题的设计元素，甚至可以是反常规的、不符合现实生活的，通过夸张手法，运用到服装设计中去（图9-1）。

②幻想性和假定性

幻想性是故事性主题服装的突出特点，而所谓假定性，是指人们从故事性主题的服饰"幻想"出共有的一种约定俗成的属性，即被人类审美心理所认可的艺术真实性。

图9-1 由地质特征和自然景观所构思出的故事性主题

③概括性和拟物性

服装展示的规模性、时间性，决定了必须对服装进行高度的概括，找出能突出表现角色个性、故事情感的概括设计。拟物性由特殊性决定，在对非人类角色服装进行创作时，选择合适的服装造型、运用夸张或变形等设计手法，来设计穿戴角色的服装。

2.服装的视觉构成元素可以体现故事性主题

每一个故事的主题，都可以用色彩去表现，色彩的对比与象征，可以丰富服装的故事性与联想性。故事性主题的服装，可以用造型来塑造故事元素，通过服装的造型能形象的渲染故事主题的背景、塑造故事的情节与角色。服装面料则从质感方面，进一步体现故事性元素的特征。服装面料和处理手法更为重要，需要设计师精心选择，传达出更加具象和细腻的情感。故事性主题服装的配饰与一般的服装有所不同，不会固定为围巾、头巾、面具、手套、包等，而是根据故事元素、情节需要进行搭配。

用服装讲述故事已经成为现代舞台上服装展示的一种重要形式，并被越来越多的设计师用来传递自己的情感。服装主题的确立、灵感的收集与资料的整理等，都对服装的主题创作有着重要的作用和价值。主题设计类型广泛，需要结合多种门类的事物进行整合后再创作，同时也是将抽象的事物具象化地展现在服装上（图 9-2）。

图9-2 主题设计确定后需要将多种门类的事物进行整合、抽象到具象化的服装上

第二节　牛仔服设计主题借鉴

一、牛仔服设计借鉴主题类型

1. 年代主题

　　年代主题是针对历史上某个时期衣着服饰流行的时代背景，结合现代审美，进行有效地提炼和升华，引发人们对那个时代的关注与回忆，满足现代人对过去时代的好奇与复古回归的愿望。如 20 世纪 70 年代的乡村音乐和乡村服饰的流行带来的乡村休闲的新概念，表现在服装上是一种回忆。

2. 地域主题

　　地域主题是独具特色的带有浓厚地域色彩和风土人情的地区，例如以热情、浪漫的海滩休闲著称的夏威夷群岛为主题风格的夏威夷风情的服装，以其独特热情浪漫的花卉、丰富绚烂的色彩以及浪漫活泼的款式引领时尚潮流。常见的地域主题有夏威夷、地中海、非洲原始部落、南北极、阿尔卑斯山脉、雪域高原等（图9-3）。

3. 文化主题

　　文化主题主要来源于对文学作品、哲学观念、审美趣味、传统文化、现代思潮以及社会发展的广泛关注与领

图9-3 地域主题要更多关注当地的风土人情

图9-4 对生态环境关注的文化主题确定

悟，如对生活环境的关注，对社会发展的反思，对未来的困惑与憧憬等。轻松的主题，可以从轻松的话题、美好的事物、关注的时尚等方面来确定主题构思的途径，如人们对美好时光的回忆，对生活质量的关注等。庄重的主题，可以从历史的发展、典型的事物、文化观念等方面确定构思的切入点，如对生态环境的关注，对自然资源的担忧等（图9-4）。应善于发现人们的心理诉求、关心的热点与话题，敏锐地感受到社会发展的动向，因此，主体概念的确定与推出是我们认识设计、组织设计、完善设计的主要一步，由此产生的设计主题明确，产品指向性强，具有自身特点，并且设计思路清晰，有着继续延伸设计思维的发展空间。

二、主题的发展趋势

女装的主题是与时代女性的地位与生活方式相对呼应的。如近年来的中性风格的女装，以其简约大气的成型，中性又不乏女人味的设计，塑造出独立、自信的女性形象（图9-5）。

未来设计主题呈现出国际

图9-5 女装设计主题围绕：复古、怀旧、回归；自信、自由、独立；艺术、矛盾、个性

化、多中心化、多样化、个性化、差别化的新趋势。无疆界的文化融合与交流使服装的设计主题呈现国际化趋势，另一方面对异域、异种文化的发现与探索，使得服装的设计主题呈现差别化趋势，如2003年流行重返非洲部落的主题，2005年秋冬流行的俄罗斯风格的服装等都属于差别化的主题。物质的丰富与思想意识的提高使得人们不满足于一种主题，总是要寻找并满足自身矛盾的心理诉求，如2003年春夏的流行主题就有两种：趋势一是回归宁静的自然主义，趋势二是享受生活的奢华主义。这两种主题表达出人们既追求心灵上宁静、纯真的感受，又追求奢华和物质享受的欲望。流行是永无止境的，凡是主张在日常生活中追求自我的人，永远需要用自己的方式来诠释流行。

三、牛仔服设计主题案例（图9-6～图9-8）

CHILDREN'S DENIM

萌娃风尚

2018/19秋冬童装丹宁趋势分析

从文化中汲取灵感

从艺术文化与街头文化出发

儒雅的学术风格和前卫设计

流露出孩童叛逆格调

迪士尼——爱之旅程系列

从穿着开始

让宝贝们学会

迪士尼卡通人物的分享和给予精神

赞颂友谊、爱和想象力！

设计说明：秋冬主题从

图9-6 2018/19秋冬童装牛仔设计主题：萌娃风尚

文化中汲取灵感，从艺术文化与街头文化出发，将风格区分开来。

图9-7 多元化的街头艺术

图9-8 迪士尼系列：爱之旅程

课后作业

　　制作主题故事板 5 张。要求主题故事板参考教材案例形式，包括主题的文字说明、工艺、色彩、细节以及款式图和效果。

第十章

牛仔服流行趋势

第一节　服装流行

一、服装流行概况

关于服装的流行，我们可以这样认识：在特定文化条件下，在一定时空范围内，人们对于符合自己的价值观念、审美意识、生活方式的服装迅速接受，并使其在短时间内扩大流通，服装流行是大家在同一时间，对同一设计手法产生共同兴趣的结果。服装流行的生命周期往往可以分为四个阶段：导入期、成长期、成熟期与衰退期，服装的流行及生命周期一般都是这样的。然而，牛仔装并未像一般服装那样遵循："产生——推广——流行——衰退"的规律，从 1850 年李维·斯特劳斯（图 10-1）成立公司，牛仔裤正式出现以来，它那奔放潇洒的造型，随意轻松的穿着方式，及其多变的性格已经延绵了 150 多年，始终是呈螺旋上升的发展模式。

图10-1 李维·斯特劳斯

二、牛仔服流行阶段

1. 牛仔裤基本特征的奠定

20 世纪 30 年代，伴随着富裕的美国东部人去西部旅行的开始，牛仔裤被带入繁华都市，开始进入了流行服饰行列，并奠定现代牛仔裤的基本特征：金属铆钉、靛蓝斜纹布、橙色双拱式线迹、由一个后袋变为五个口袋并出现拉链。

牛仔裤的发展是有一个漫长的演进过程，而真正促使牛仔裤风靡世界的决定性因素还是因为二战，由于美军把牛仔裤作为军用作业服，随着军队深入欧洲腹地而在各地流行开来。20 世纪年代经济的萧条促使女权运动的膨胀，战争令妇女走上了工作岗位。1938 年李维斯公司抓住良机，借女权运动的东风推出了专门为女士设计的牛仔裤，使牛仔裤的生命周期出现了第一个飞跃。

2. 好莱坞电影推动牛仔服的流行

20 世纪四五十年代，发达的影视传播业对带动牛仔裤的国际流行起到推波助澜的作用，马龙·白兰度、猫王、玛丽莲·梦露等好莱坞明星的牛仔穿着方式成为青少年效仿的目标，促使牛仔装以实用的工作服升华为时髦的时装

图10-2 玛丽莲·梦露穿着牛仔外套

图10-3 20世纪90年代的超模Cindy Crawford穿着复古蓝牛仔外套搭配黑色阔腿裤，慵懒而优雅

样式，一跃进入流行服饰的花花世界中而席卷世界，但即使如此，牛仔装始终未脱离平民角色。

玛丽莲·梦露穿着原色牛仔外套在电影片场，自然而性感，很多人也因此爱上了原色牛仔外套（图 10-2）。

20 世纪 60 年代开始，牛仔服已经成为男女老少广泛穿着的一种服装，除了牛仔裤以外，流行的还有牛仔夹克、牛仔套装、牛仔短裤等。嬉皮士浪潮和学生化运动使牛仔服进入一个新的变化期，牛仔服由下而上的流行传播方式，使嬉皮士一代在传统与解放之间找到了平衡点，他们把牛仔服的袖口、口袋、裤口做破做旧，给牛仔服增添了一份叛逆与颓废的色彩，为牛仔服设计带来了新思路，同时，也使西方传统的着装观念受到了洗礼与挑战。

3. 设计师牛仔的诞生

19 世纪进入 70 年代以后，高级时装业濒临绝路却没有影响到牛仔服的进一步发展，由于设计师的介入把牛仔服带入了流行时装的最高层。由美国设计师卡尔文·克莱恩首开先河，时装界出现了宽展形、喇叭形和直筒形并在后袋标上有设计师署名的牛仔裤，使走上 T 形台的牛仔服有了一个新名字"设计师牛仔"，并令当时的高级女装发生了某些变化，给其输入了新鲜血液，使向来以时尚之都自傲的巴黎高级女装竟向牛仔服侧目，纷纷建立自己的牛仔服品牌。之后，在牛仔服设计中获得极大声誉的美国设计师拉尔夫·劳伦以及麦卡德尔都为牛仔服饰的发展作出了贡献，牛仔服穿着者不再仅仅是从事繁重体力活的人们的象征，在风格品味上逐渐倾向于优雅而又有休闲的意味（图 10-3）。

20世纪末，更多的时装设计大师如詹弗兰科·费雷、乔治·阿玛尼、维维恩·韦斯特伍德、约翰·加里亚诺、让·保罗·戈尔捷等都将牛仔服列入其创作系列中，彻底改变了牛仔服的传统使用观念，使它们充满现代时尚感，并将其推向炙手可热的颠峰。

第二节　牛仔服的流行趋势

牛仔服的流行期是其他服装所不及的，牛仔服在服装领域的跨度也是其他服饰所不及的，从西部牛仔的纯功能性服装到今天萦绕大师膝下的时尚宠儿，牛仔服可谓是领尽风骚、享尽新潮，时至今日，从内衣到外套，甚至礼服，牛仔服正无孔不入地进入到人们的生活中，无时无刻不刺激着人的感官。可以肯定的说，牛仔服装不仅不会退出流行的舞台，而且将以更加崭新的时尚姿态出现在我们面前，呈现出新的设计趋势（图10-4）。

图10-4　牛仔服的崭新姿态

一、牛仔服设计风格趋势

牛仔服设计风格将趋向粗犷和细腻两极化发展，一方面表现男性的粗犷和硬气，大量使用以金属钉和毛皮作为装饰品，不仅突出牛仔服的户外穿用功能，而且加重了对牛仔服冷酷一面的渲染，另一方面将以更柔和、性感的设计风格，轻松地走进女性世界，让女性风格更加细腻、优雅、性感，同时也表现出一种柔和野性的自然美。穿着方式上，将牛仔服与针织衫、毛衫、棉T恤或各种防雨布风衣和各种外套等上装联系在一起，使牛仔服概念更加平凡化地普及到市场中，成为消费者能充分享用的产品。

二、牛仔服细节设计趋势

牛仔装的细部设计一直是设计上的重点，一方面在继续沿袭打磨、洗水、缉线、拷钮、铆钉、贴袋等经典牛仔款型，重视手工的绣花与镂空处理，以不同色彩拼接重叠以及毛边、珠绣、流苏、磨损、毛须、手工印染等手法的处理。牛仔裤后袋上的装饰缉线变化从最早的橙色双拱式线迹发展至今天的千姿百态，一直是设计师关注的细节，而这正是经典牛仔裤的精髓所在。另一方面，在牛仔装的设计中摒弃经典牛仔款型的特征，没有了传统牛仔装的五袋式等形式，在女装款型结构上突出表现在低腰设计上，裤裆长度缩短至切合臀部曲线的设计，着重强调臀部合体剪裁，从视觉上加强腰臀曲线，配合超低腰设计的裤型，在剪裁上摒弃传统平面裁剪法，以立体裁剪法重塑完美体形。

图10-5　火焰图案刺绣亮片牛仔喇叭裤

三、牛仔服色彩、图案设计趋势

　　牛仔装以其特有的蓝色调一直保持着经典魅力的同时，逐渐发展到色彩斑斓的多种色彩，如玫红、橘黄等各种鲜艳、大胆的色彩，以足够张扬的个性空间在原始与文明的色彩搭配中显示时尚魅力。图案设计中更突出使用各种具有民族特色的图案，如东方的吉祥图案、非洲部落的原始图腾以及各式花卉、动物及卡通纹样图案，通过或绣、或绘、或贴、或印等各种装饰手段，丰富牛仔服的文化内涵，强化了牛仔服的表现力而成为牛仔服新的设计亮点（ 图10-5 ）。

四、牛仔服的材料趋势

　　从厚如帆布到薄如蝉翼，各种大胆色调的牛仔布、作旧的牛仔布、涂料发泡印花的牛仔布、羊毛牛仔布、雪纺弹性牛仔布成为流行的面料（图10-6、图10-7 ）。而演绎牛仔时尚的，除了牛仔的面料质地、色彩等因素之外，设计师们把目光更多地注视到运用多种材质的组合设计上，如与皮革、丝绸以及针织网眼的化纤面料的拼接，给传统的牛仔服加入新感觉，把着装者带入表现自我、充满猎奇心态的个性世界。牛仔布还常使用一些后加工处理，如普洗、石磨、漂洗、酵素洗、加硅油、喷染色等工艺手法，来改变牛仔布的色彩及质地，增加牛仔布的变幻魅力。此外，人们正积极探索使用牛仔新面料，如美国牛仔品牌第五街致力推广应用的天丝棉，由于天丝棉被称为21世纪的绿色纤维，它的使用不仅使牛仔装在服用性能上得到较大的改善，而且其丝绸般的柔软、细腻、飘逸性在很大程度上改变了牛仔的男性化风格，薄型牛仔面料制成的牛仔服无疑更具女人味，这种响应环保的牛仔面料将成为未来的新趋势之一。

图10-6 2016秋冬/2017春夏牛仔流行趋势1

图10-7 2016秋冬/2017春夏牛仔流行趋势2

课后作业

　　收集整理不同时期的牛仔服的流行特点，会分析牛仔服流行趋势。

参考：

1. 美国棉花公司官网http://www.cottoninc.com，美国棉花公司每年发布的牛仔流行趋势。

2. 《国际纺织品流行趋势 》是纺织服装类专业杂志，也是目前国内本系统提供从流行色、纱线、面料、辅料到时装和纺织品设计以至市场营销等全方位流行资讯的杂志。

参考文献

[1]朔贝尔. 牛仔裤 [M]. 陈素幸译. 哈尔滨：哈尔滨出版社，2003.

[2]DI国际信息公司. 牛仔装 [M]. 中国纺织科学技术信息研究所兴纺纺织开发公司，译. 北京：中国纺织出版社，1999.

[3]逸飞媒体. 牛仔 [M]. 南京：江苏美术出版社，2005.

[4]张惠光，罗律. 疯狂牛仔 [M]. 沈阳：辽宁科学出版社，2007.

[5]时尚健康编辑部. 牛仔圣经 [M]. 北京：中国民族摄影艺术出版社，2009.

[6]张文心. 我们都爱牛仔酷 [M]. 武汉：华中科技大学出版社，2010.

[7]刘晓刚. 基础服装设计 [M]. 上海:东华大学出版社，2010.

[8]梁惠娥. 服装面料艺术再造 [M]. 北京：中国纺织出版社，2008.

[9]钟蔚. 时装设计快速表现 [M]. 武汉：湖北美术出版社，2007.

[10]比娜艾布林格. 美国时装画技法基础篇 [M]. 北京：中国纺织出版社，2003.